やりきれるから自信がつく！

1日1枚の勉強で，学習習慣が定着！

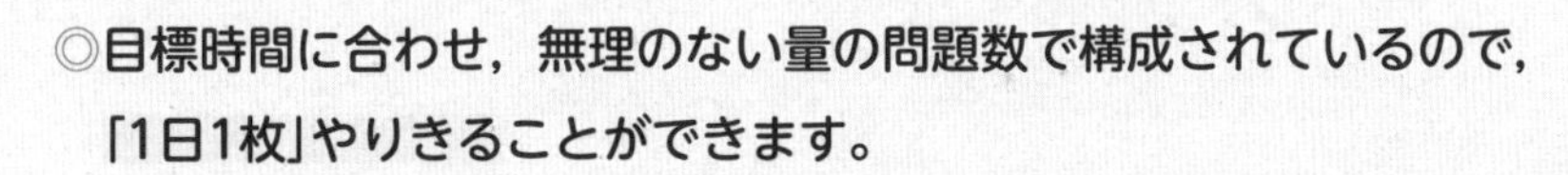

◎目標時間に合わせ，無理のない量の問題数で構成されているので，「1日1枚」やりきることができます。

◎解説が丁寧なので，まだ学校で習っていない内容でも勉強を進めることができます。

すべての学習の土台となる「基礎力」が身につく！

◎スモールステップで構成され，1冊の中でも繰り返し練習していくので，確実に「基礎力」を身につけることができます。「基礎」が身につくことで，発展的な内容に進むことができるのです。

◎教科書に沿っているので，授業の進度に合わせて使うこともできます。

勉強管理アプリの活用で，楽しく勉強できる！

◎設定した勉強時間にアラームが鳴るので，学習習慣がしっかりと身につきます。

◎時間や点数などを登録していくと，成績がグラフ化されたり，賞状をもらえたりするので，　達成感を得られます。

◎勉強をがんばると，キャラクターとコミュニケーションを取ることができるので，　日々のモチベーションが上がります。

学研 毎日のドリルの使い方

1 1日1枚，集中して解きましょう。

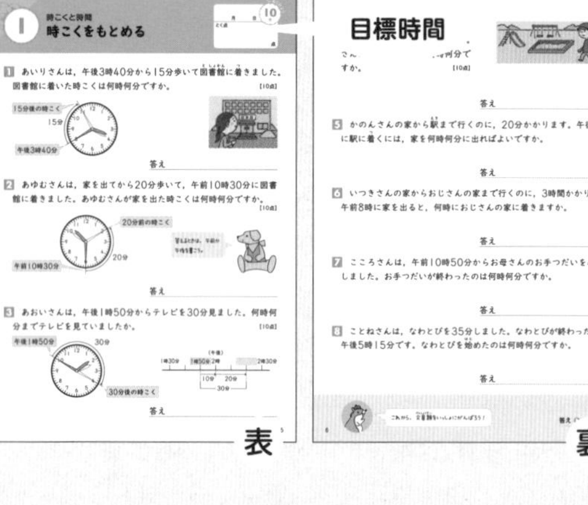

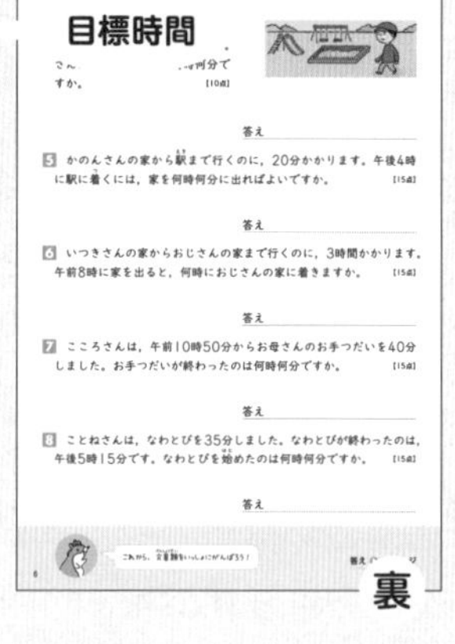

表　裏

◎**1回分は，1枚（表と裏）です。**

1枚ずつはがして使うこともできます。

◎**目標時間を意識して解きましょう。**

アプリのストップウォッチなどで，かかった時間をはかるとよいです。

- 巻末の「まとめテスト」で，この本の内容が身についたか確認できます。

2 答え合わせをしましょう。

- 本の最後に，「答えとアドバイス」があります。
- 答え合わせをして，点数をつけましょう。

3 アプリに得点を登録しましょう。

- アプリに得点を登録すると，成績がグラフ化されます。
- 勉強すると，キャラクターが育ちます。

無料
ダウンロード
毎日のドリル
勉強管理アプリ
アプリといっしょだと，ドリルが楽しく進む!?
コンコン
ぼくのへや
今日の分の毎ドリ終わった？
今やってるところー
うそはいけないっきゅ！
わっ!?
だれ!?
どこから来たの!?
キミの毎ドリが進むようにすばらしいものを持ってきたっきゅ
なになに？
とりあえずやってみるっきゅ
ストップウォッチスタート!!
おっ！
0分21秒
目安：15分00秒
時間をはかってくれるんだ！
よーしっ!!
できたーーっ!!
いつもよりどんどん解けた気がする！
時間を意識してるから集中できるんだっきゅ！
さらに！
得点をアプリに入力するとグラフになるんだ！
すっげー!!
この「1」ってなんだろ？
タッチしてみるっきゅ
一回終わるごとにぼくがエサを食べられるんだっきゅ
ドリルを進めるとかっこいいわざをおぼえたりすてきな部屋が手に入ったりするよ
よーしっ
あしたもがんばるぞ！
二か月後
よっしゃー！
ドリルが終わったぞ！
一冊やりきったら賞状とメダルがもらえたよ！
賞状
ぼくどの
あなたは、3年「かけ算」をしゅうりょうしましたので、ここにこれをしょうします。たいへん、すばらしいです！
次はどのドリルに挑戦しようかな！

毎日のドリル 勉強管理アプリ

「毎日のドリル」シリーズ専用，スマートフォン・タブレットで使える無料アプリです。
1つのアプリでシリーズすべてを管理でき，学習習慣が楽しく身につきます。

1 「毎日のドリル」の学習を徹底サポート！

毎日の勉強タイムをお知らせする「タイマー」

かかった時間を計る「ストップウォッチ」

勉強した日を記録する「カレンダー」

入力した得点を「グラフ化」

2 キャラクターと楽しく学べる！

好きなキャラクターを選ぶことができます。勉強をがんばるとキャラクターが育ち，「ひみつ」や「ワザ」が増えます。

3 1冊終わると，ごほうびがもらえる！

ドリルが1冊終わるごとに，賞状やメダル，称号がもらえます。

4 漢字と英単語のゲームにチャレンジ！

ゲームで，どこでも手軽に，楽しく勉強できます。漢字は学年別，英単語はレベル別に構成されており，ドリルで勉強した内容の確認にもなります。

アプリの無料ダウンロードはこちらから！

https://gakken-ep.jp/extra/maidori/

【推奨環境】
- 各種Android端末：対応OS Android6.0以上　※対応OSであっても，Intel CPU（x86 Atom）搭載の端末では正しく動作しない場合があります。
- 各種iOS（iPadOS）端末：対応OS iOS10以上　※対応OS や対応機種については，各ストアでご確認ください。

※お客様のネット環境および携帯端末によりアプリをご利用できない場合，当社は責任を負いかねます。
また，事前の予告なく，サービスの提供を中止する場合があります。ご理解，ご了承いただきますよう，お願いいたします。

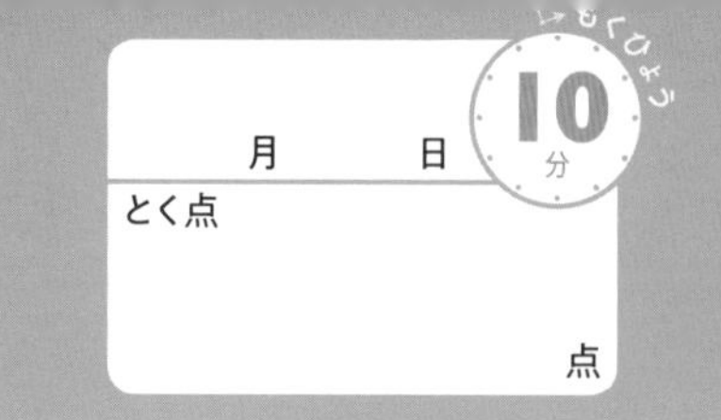

1 時こくと時間
時こくをもとめる

1 あいりさんは，午後3時40分から15分歩いて図書館(としょかん)に着(つ)きました。図書館に着いた時こくは何時何分ですか。 【10点】

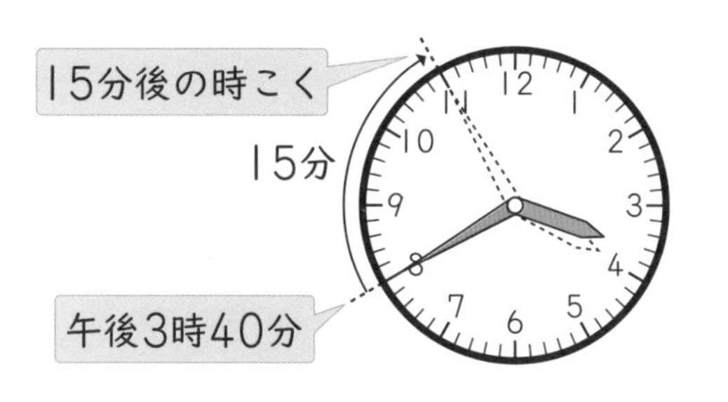

答え

2 あゆむさんは，家を出てから20分歩いて，午前10時30分に図書館に着きました。あゆむさんが家を出た時こくは何時何分ですか。 【10点】

20分前の時こく

午前10時30分

20分

答えるときは，午前か午後を書こう。

答え

3 あおいさんは，午後1時50分からテレビを30分見ました。何時何分までテレビを見ていましたか。 【10点】

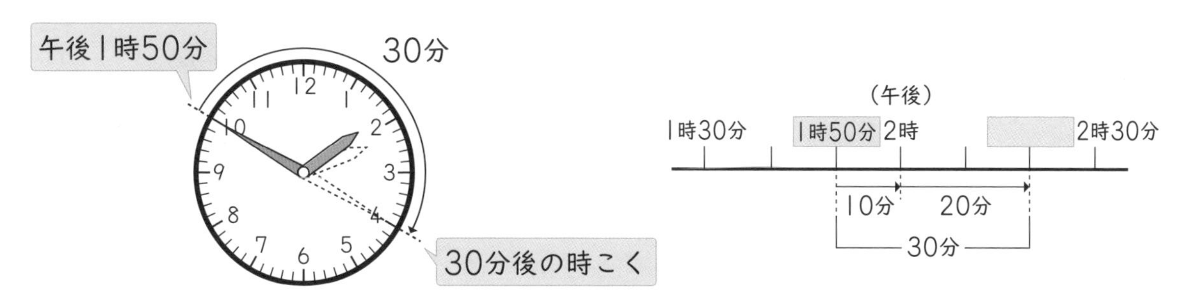

答え

4 こたろうさんは，午前11時15分から30分さんぽをしました。さんぽが終わったのは何時何分ですか。【10点】

答え

5 かのんさんの家から駅まで行くのに，20分かかります。午後4時に駅に着くには，家を何時何分に出ればよいですか。【15点】

答え

6 いつきさんの家からおじさんの家まで行くのに，3時間かかります。午前8時に家を出ると，何時におじさんの家に着きますか。【15点】

答え

7 こころさんは，午前10時50分からお母さんのお手つだいを40分しました。お手つだいが終わったのは何時何分ですか。【15点】

答え

8 ことねさんは，なわとびを35分しました。なわとびが終わったのは，午後5時15分です。なわとびを始めたのは何時何分ですか。【15点】

答え

これから，文章題をいっしょにがんばろう！

答え ▶ 79ページ

2 時こくと時間
時間をもとめる

1 しおりさんは，午後2時20分に家を出て，午後2時45分に公園に着きました。家から公園まで行くのにかかった時間は何分ですか。
【10点】

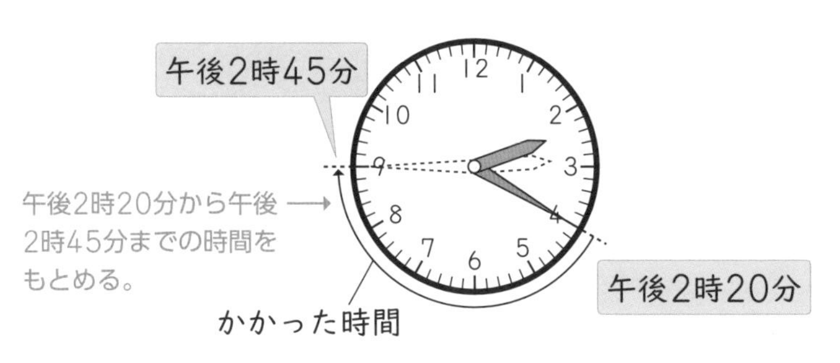

答え

2 えいたさんは，午前9時30分から午前10時20分まで，野球の練習をしました。練習していた時間は何分ですか。
【10点】

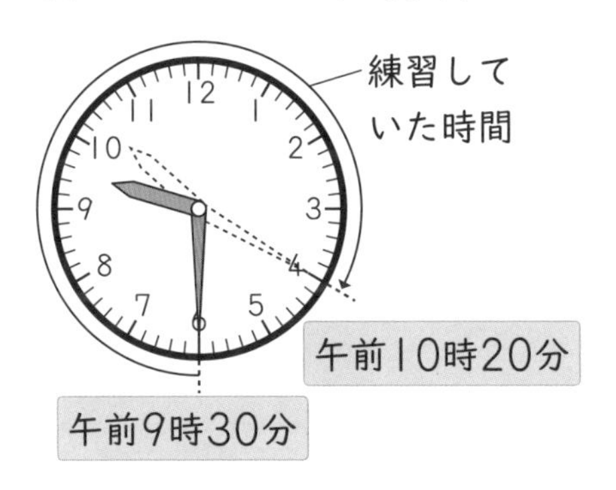

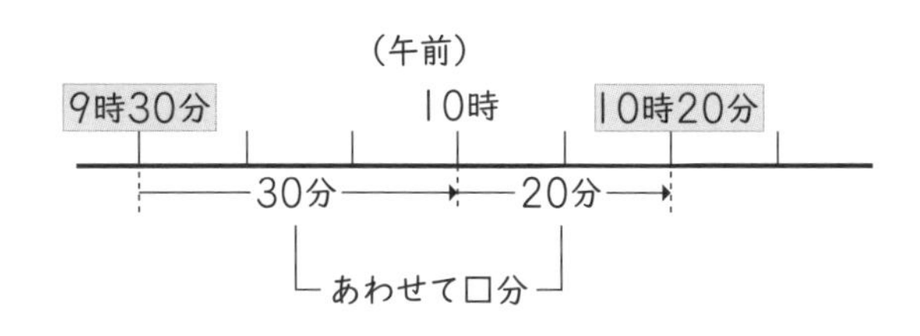

答え

3 こはるさんは算数の勉強を50分，国語の勉強を40分しました。あわせて何時間何分しましたか。
【10点】

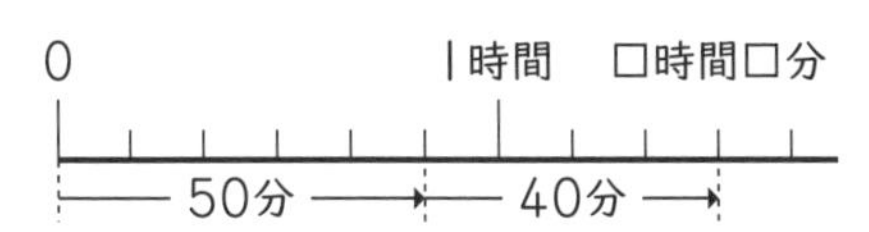

答え

4 かいとさんは，午前10時10分から午前10時40分まで読書をしました。読書をしていた時間は何分ですか。【10点】

答え

5 はるかさんは，午後3時45分から午後4時30分までなわとびをしました。なわとびをしていた時間は何分ですか。【15点】

答え

6 ひかりさんは，午前11時から午後1時まで図書館（としょかん）にいました。図書館にいた時間は何時間ですか。【15点】

答え

7 しょうたさんは，お母さんのお手つだいを午前中に40分，午後に30分しました。あわせて何時間何分しましたか。【15点】

答え

8 池のまわりを1しゅうするのに，みさきさんは45秒（びょう），妹は1分かかりました。妹はみさきさんより何秒多くかかりましたか。【15点】

1分は60秒だね。

答え

アプリに，とく点を登（とう）ろくしよう！

答え ▶ 79ページ

たし算

1 ももがきのうは269こ，今日(きょう)は324ことれました。あわせて何ことれましたか。 式5点，答え5点【10点】

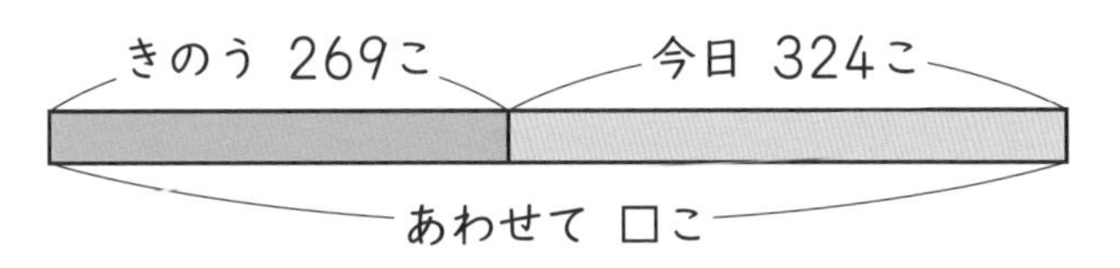

（式(しき)） 269 ＋ 324 ＝ □

↑式ができたら筆算(ひっさん)で計算する。

答え ＿＿＿＿

2 きのう遊園地(ゆうえんち)に来た人は659人でした。今日は，きのうより153人多かったそうです。今日は何人来ましたか。 式5点，答え5点【10点】

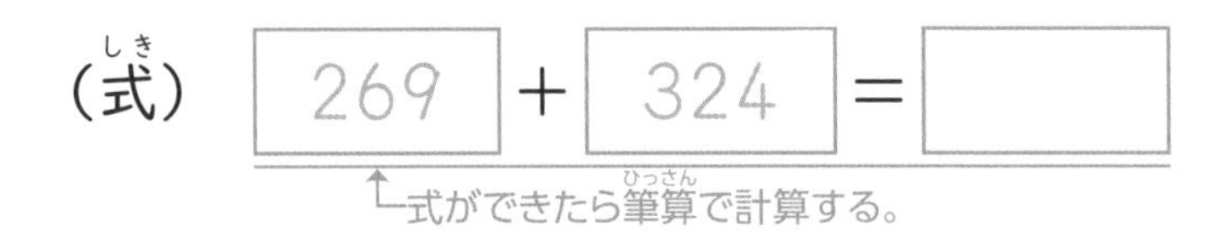

（式）

答え ＿＿＿＿

3 ひまりさんの組では，きのうまでにつるを748わおりました。あと52わおると，全部(ぜんぶ)で何わになりますか。 式5点，答え5点【10点】

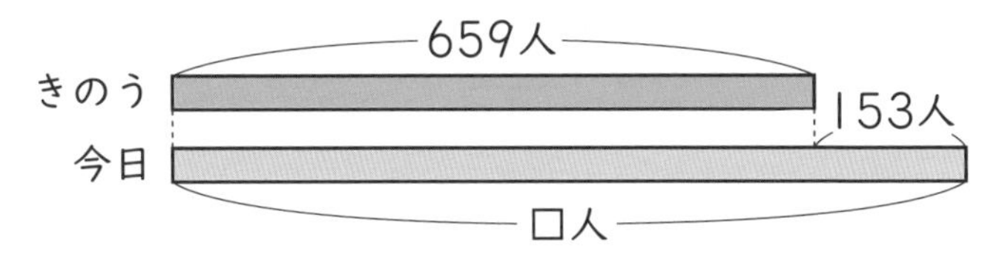

（式）

答え ＿＿＿＿

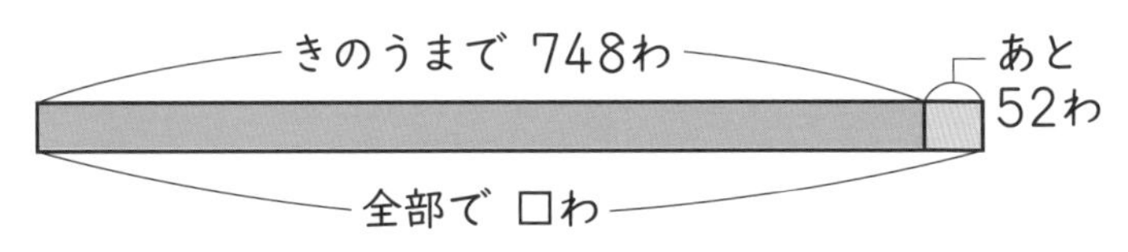

4 きのう動物園に来た人は，大人が396人，子どもが585人でした。あわせて何人来ましたか。

式5点，答え5点【10点】

（式）

答え

5 池に赤いこいが416ぴきいます。黒いこいは，赤いこいより127ひき多いそうです。黒いこいは何びきいますか。 式8点，答え7点【15点】

（式）

答え

6 山に木が572本植えてあります。あと145本植えると，全部で何本になりますか。 式8点，答え7点【15点】

（式）

答え

7 赤い色紙が608まい，青い色紙が215まいあります。色紙は全部で何まいありますか。 式8点，答え7点【15点】

（式）

答え

8 太いロープの長さは316cmで，細いロープは太いロープより43cm長いそうです。細いロープの長さは何cmですか。 式8点，答え7点【15点】

（式）

答え

おうえんしてるからね！

答え ▶ 79ページ

4 たし算とひき算
ひき算

月　日　10分
とく点
点

1 324ページある本を，156ページまで読みました。のこりは何ページですか。

式5点，答え5点【10点】

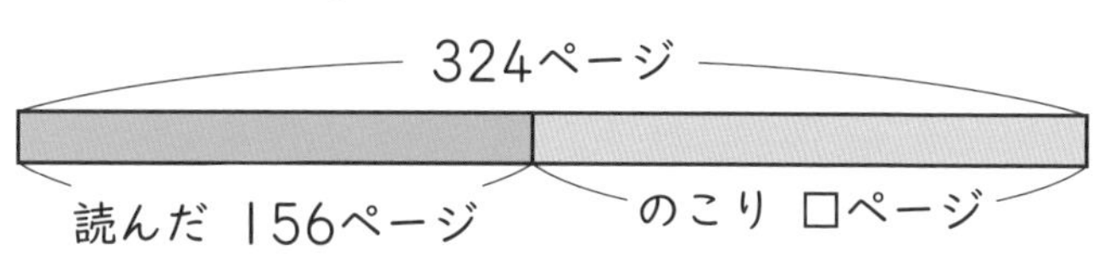

(式) 324 − 156 ＝ □

のこりの数をもとめるときは，ひき算を使う。

答え

2 山にすぎの木が721本，ひのきの木が468本植えてあります。すぎの木は，ひのきの木より何本多いですか。

式5点，答え5点【10点】

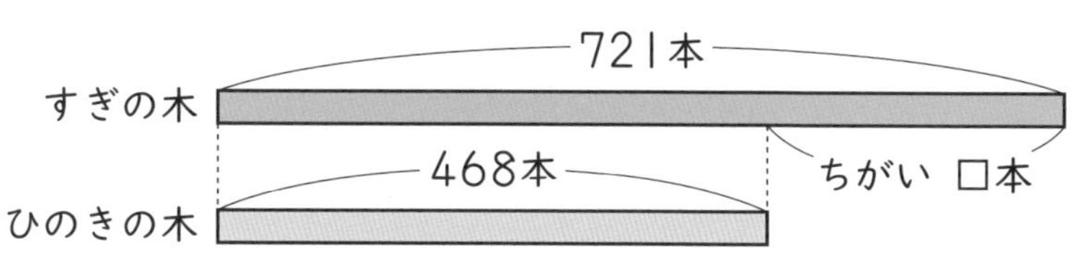

(式)

答え

3 きのうえい画館に来た人は847人で，そのうち大人は519人でした。子どもは何人来ましたか。

式5点，答え5点【10点】

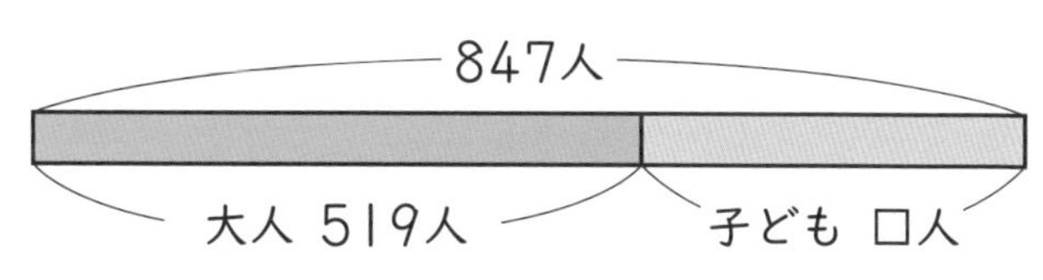

(式)

答え

4 画用紙が532まいありましたが，346まい使いました。のこりは何まいになりましたか。 式5点，答え5点【10点】

（式）

答え

5 赤い色紙が509まい，白い色紙が657まいあります。白い色紙は赤い色紙より何まい多いですか。 式8点，答え7点【15点】

（式）

答え

6 きのう水族館に来た人は，大人と子どもをあわせて484人でした。そのうち大人は195人です。子どもは何人来ましたか。 式8点，答え7点【15点】

「あわせて」とあるけど，ひき算を使うよ。

（式）

答え

7 きのうはりんごが527ことれました。今日とれた数はきのうより98こ少ないそうです。今日は何ことれましたか。 式8点，答え7点【15点】

（式）

答え

8 船に大人が324人，子どもが472人乗っています。大人は子どもより何人少ないですか。 式8点，答え7点【15点】

（式）

答え

その調子，その調子！

答え ▶ 79ページ

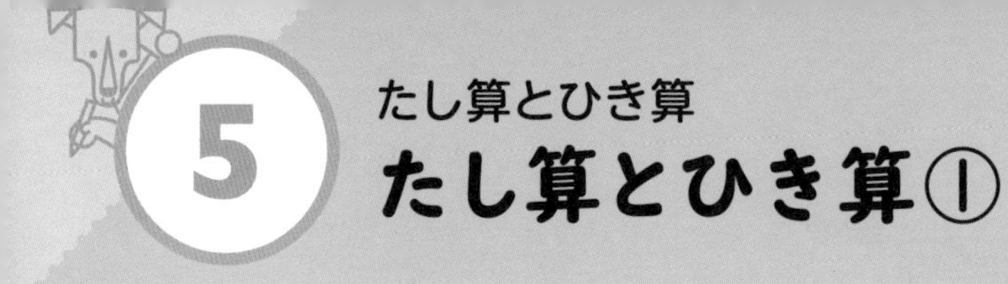

5 たし算とひき算

たし算とひき算①

1 下の絵を見て答えましょう。　式5点，答え5点【30点】

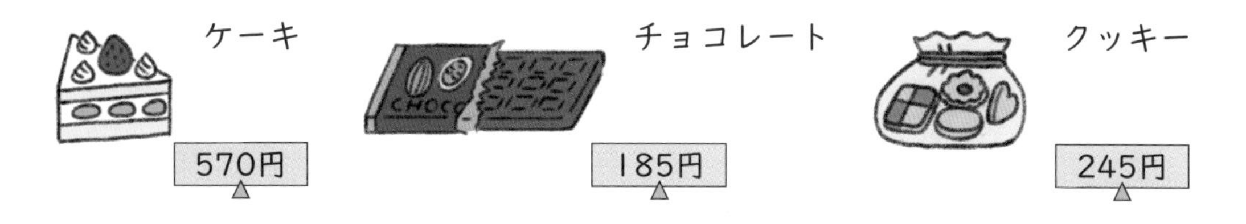

① ケーキとクッキーを買うと，あわせていくらになりますか。

(式)

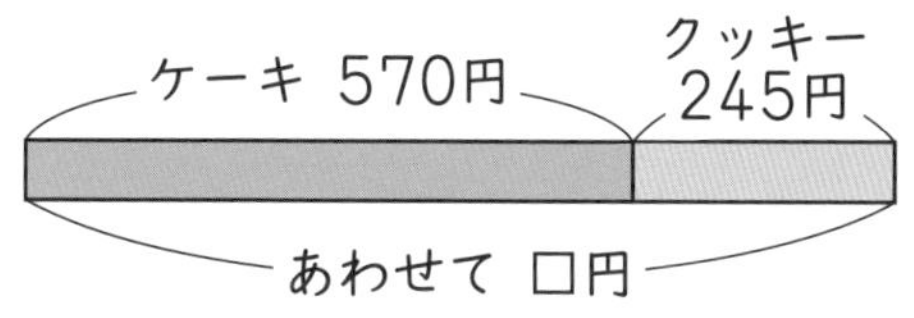

問題を読んで，たし算かひき算か考えよう。

答え

② チョコレートを買うのに500円玉を出すと，おつりはいくらになりますか。

(式)

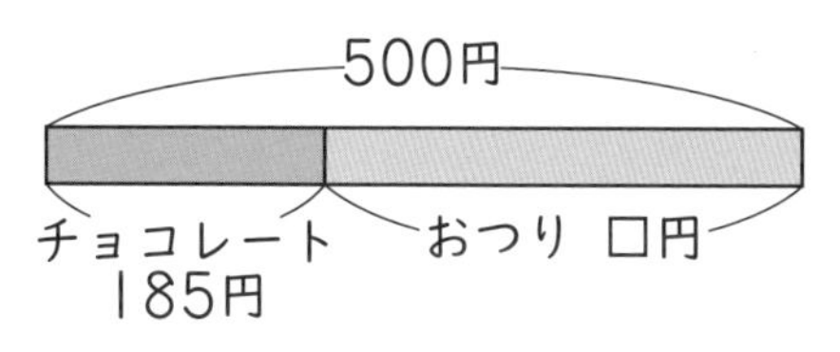

(出したお金)－(代金)＝(おつり)だね。

答え

③ ケーキは，チョコレートよりいくら高いですか。

(式)

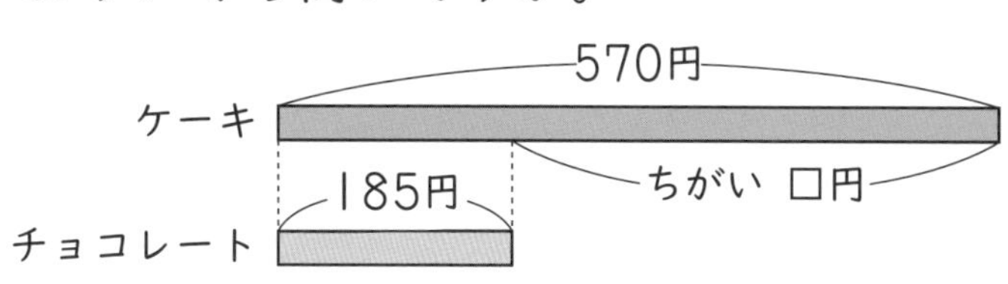

答え

2 下の絵を見て答えましょう。 式8点，答え7点【45点】

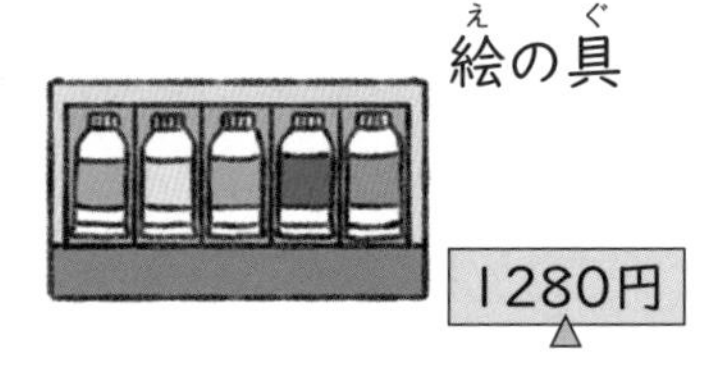

① コンパスは，ノートよりいくら高いですか。

（式）

答え ＿＿＿＿＿＿＿＿

② 絵の具とノートを買うと，全部でいくらになりますか。

（式）

答え ＿＿＿＿＿＿＿＿

③ コンパスを買うのに1000円出すと，おつりはいくらになりますか。

（式）

答え ＿＿＿＿＿＿＿＿

3 きくの花が1310本さいています。そのうち578本は白い花で，あとは黄色い花です。黄色い花は，何本さいていますか。

式6点，答え6点【12点】

（式）

答え ＿＿＿＿＿＿＿＿

4 先週は画用紙を1017まい使いました。今週は，先週より95まい多く使ったそうです。今週は何まい使いましたか。 式7点，答え6点【13点】

（式）

答え ＿＿＿＿＿＿＿＿

よくできたね！

答え ▶ 80ページ

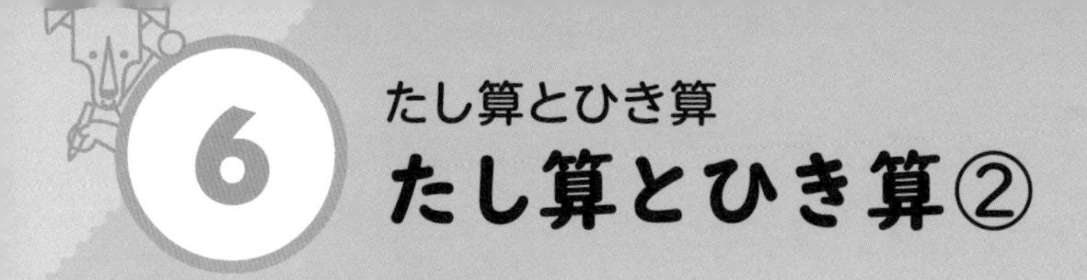

6 たし算とひき算

たし算とひき算②

月　日　とく点　点　10分

1 ゆいなさんは830円の本を買おうと思いましたが，145円たりません。ゆいなさんが持（も）っているお金はいくらですか。　式5点，答え5点【10点】

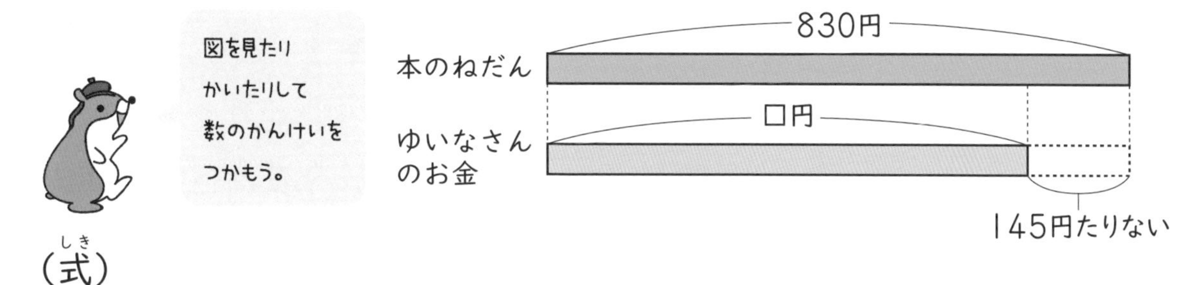

（式（しき））

答え

2 画用紙を159まい使（つか）ったら，のこりが237まいになりました。画用紙は，はじめに何まいありましたか。　式8点，答え7点【15点】

（式）

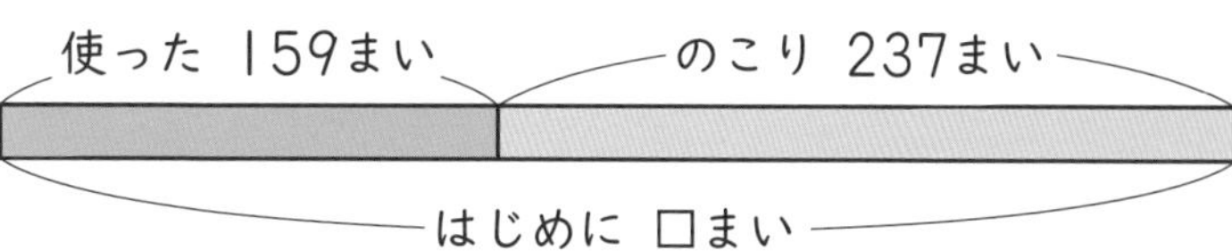

答え

3 南小学校の子どもの人数は413人，北小学校の子どもの人数は602人です。どちらのほうが何人多いですか。　式8点，答え7点【15点】

（式）

学校名を書く。↓　　人数を書く。↓

答え　　　　のほうが，　　　　人多い。

4 かなたさんは860円持っています。あと250円あると，動物の本が買えるそうです。動物の本はいくらですか。　式8点，答え7点【15点】

（式）

答え

5 ももかさんの組では，きのうまでにつるを875わおりました。今日何わかおったら，全部で1000ばになりました。今日は何わおりましたか。　式8点，答え7点【15点】

（式）

答え

6 ゲームをして，けんとさんは6203点，こうきさんは4921点取りました。どちらのほうが何点多いですか。　式8点，答え7点【15点】

（式）

答え

7 赤いチューリップと黄色いチューリップがさいています。赤いチューリップは957本で，黄色いチューリップより83本少ないそうです。黄色いチューリップは，何本さいていますか。　式8点，答え7点【15点】

（式）

答え

今日もよくがんばったね！

答え ▶ 80ページ

たし算とひき算

7 たし算とひき算の練習

月　日　10分

とく点　　点

1 赤いカーネーションが289本，白いカーネーションが324本さいています。あわせて何本さいていますか。　式5点，答え5点【10点】

(式(しき))

答え

2 1800人乗(の)れる船に1274人乗っています。この船には，あと何人乗れますか。　式5点，答え5点【10点】

(式)

答え

3 そうたさんの学校の子どもの数は501人です。ゆうかさんの学校の子どもの数は，そうたさんの学校より136人少ないそうです。ゆうかさんの学校の子どもの数は何人ですか。　式5点，答え5点【10点】

(式)

答え

4 チョコレート工場で，きのうは683箱(はこ)のチョコレートを作りました。今日(きょう)はきのうより29箱多く作ったそうです。今日は何箱作りましたか。　式5点，答え5点【10点】

(式)

答え

5 図書館に物語の本が1067さつあります。物語の本は，図かんより729さつ多いそうです。図かんは何さつありますか。　式8点，答え7点【15点】

（式）

図かんは，物語の本より少ないことになるよ。

答え ＿＿＿＿＿＿＿＿

6 わかなさんは，ビーズを235こ使ってかざりを作りました。ビーズはまだ765このこっています。ビーズははじめに何こありましたか。

式8点，答え7点【15点】

（式）

答え ＿＿＿＿＿＿＿＿

7 しまもようのシャツとチェックのシャツが売られています。しまもようのシャツは1980円で，チェックのシャツより495円安いそうです。チェックのシャツは，いくらですか。　式8点，答え7点【15点】

（式）

答え ＿＿＿＿＿＿＿＿

8 朝顔のたねが1693こ，ひまわりのたねが2191こあります。どちらが何こ多いですか。

式8点，答え7点【15点】

（式）

答え ＿＿＿＿＿＿＿＿＿＿＿＿＿＿＿＿

たし算とひき算の文章題ができたね！

答え ▶ 80ページ

わり算
8 1つ分をもとめるわり算

月　日
とく点
点

1 ビスケットが15こあります。3人で同じ数ずつ分けると，1人分は何こになりますか。　式5点，答え5点【10点】

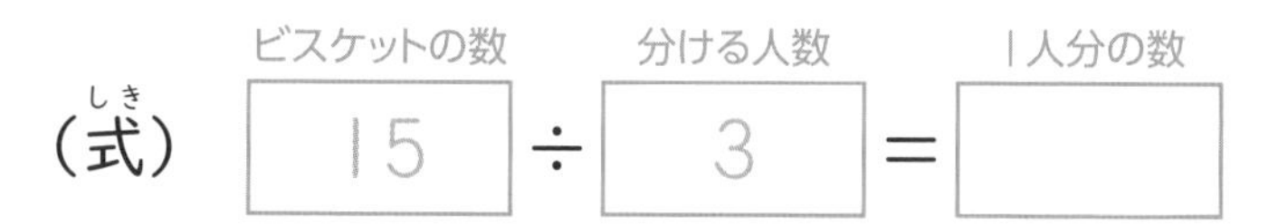

（式）15 ÷ 3 = ＿＿

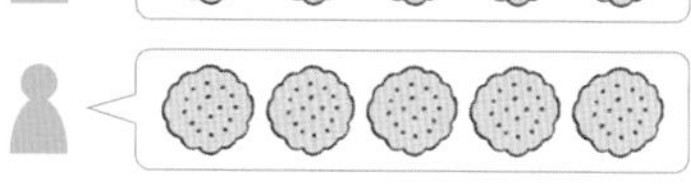
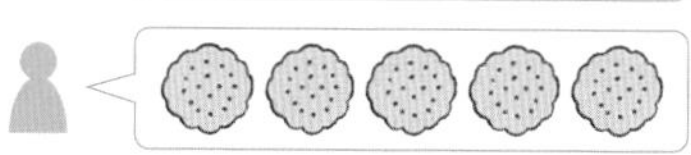

答え＿＿＿＿

2 いちごが28こあります。4つのさらに同じ数ずつ分けると，1さら分は何こになりますか。　式5点，答え5点【10点】

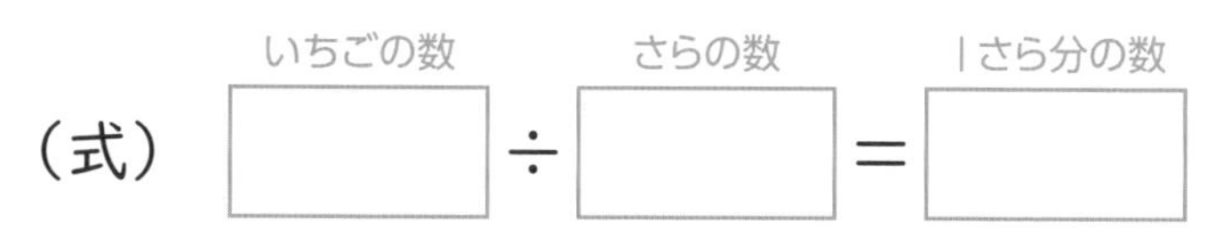

（式）＿＿ ÷ ＿＿ = ＿＿

同じ数ずつ分けるときは，わり算を使うよ。

答え＿＿＿＿

3 36cmのテープを同じ長さに6本に分けると，1本分は何cmになりますか。　式5点，答え5点【10点】

テープの長さ　分ける数　1本分の長さ

（式）＿＿ ÷ ＿＿ = ＿＿

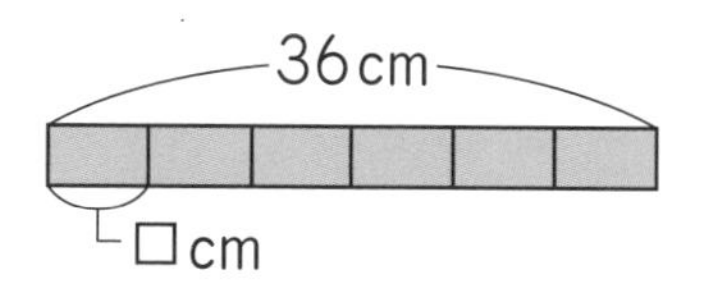

答え＿＿＿＿

4 ジュースが7本あります。7人で同じ数ずつ分けると，1人分は何本になりますか。　式5点，答え5点【10点】

ジュースの数　分ける人数　1人分の数

（式）＿＿ ÷ ＿＿ = ＿＿

答え＿＿＿＿

5 絵はがきが27まいあります。3人で同じ数ずつ分けると，1人分は何まいになりますか。

式5点，答え5点【10点】

（式）

答え

6 子どもが45人います。同じ人数ずつ9つのはんに分けると，1つのはんの人数は何人になりますか。

式5点，答え5点【10点】

（式）

答え

7 56mのロープがあります。このロープを同じ長さに8本に切ると，1本分は何mになりますか。

式8点，答え7点【15点】

（式）

答え

8 5本のボールペンを，5人で同じ数ずつ分けると，1人分は何本になりますか。

式5点，答え5点【10点】

（式）

答え

9 63さつのノートを，同じ数ずつ9たばに分けます。1たばのノートの数は何さつになりますか。

式8点，答え7点【15点】

（式）

答え

わり算も，がんばろう！

答え ▶ 80ページ

9 わり算 いくつ分をもとめるわり算

月	日	10分
とく点		点

1 ビスケットが12こあります。1人に3こずつ分けると，何人に分けられますか。

式5点，答え5点【10点】

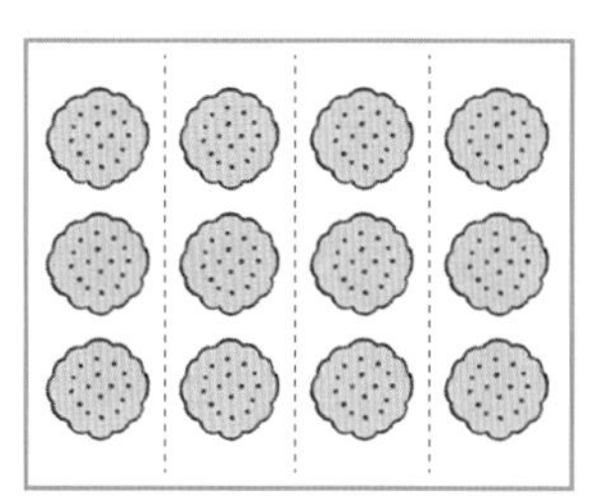

答え

2 24このかんづめを，4こずつ箱（はこ）に入れていきます。全部（ぜんぶ）入れるには，箱は何箱いりますか。

式5点，答え5点【10点】

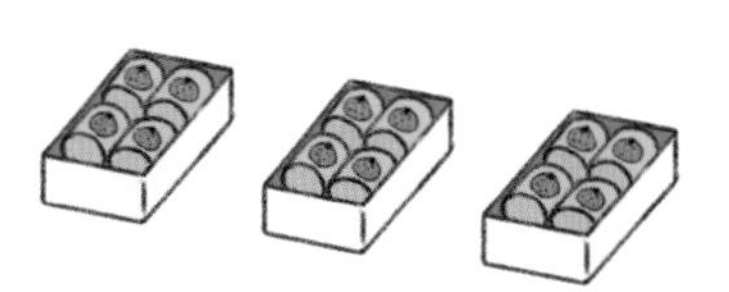
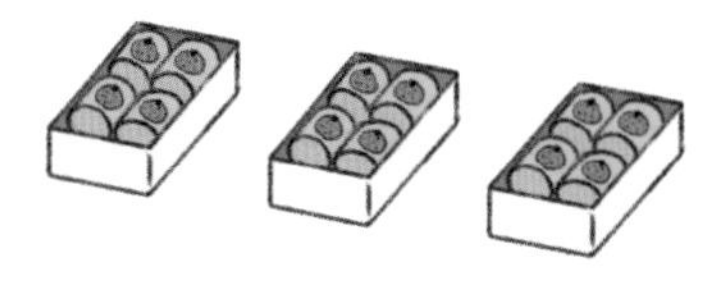

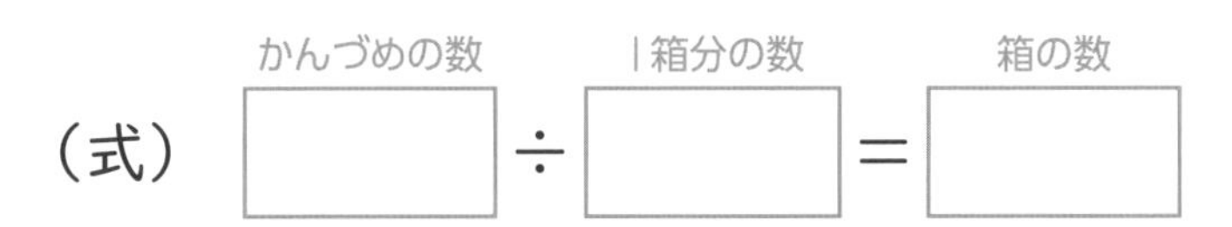

答え

3 35cmのテープを7cmずつに切っていくと，何本取（と）れますか。

式5点，答え5点【10点】

（式） テープの長さ □ ÷ 1本分の長さ □ = 本数 □

答え

4 まんじゅうが9こあります。1人に1こずつ分けると，何人に分けられますか。

式5点，答え5点【10点】

（式） まんじゅうの数 □ ÷ 1人分の数 □ = 人数 □

答え

5 クッキーが40こあります。1人に5こずつ分けると，何人に分けられますか。

式5点，答え5点【10点】

(式)

答え

6 32このみかんを，4こずつふくろに入れます。ふくろは何ふくろいりますか。

式5点，答え5点【10点】

(式)

答え

7 49人の子どもが，7人ずつのはんに分かれて，ゲームをします。はんは何ぱんできますか。

式8点，答え7点【15点】

(式)

答え

8 アイスクリームが6こあります。1人に1こずつ分けると，何人に分けられますか。

式5点，答え5点【10点】

(式)

答え

9 80cmのリボンを4cmずつに切っていくと，何本とれますか。

式8点，答え7点【15点】

(式)

答え

今日もよくがんばったね！

答え ▶ 81ページ

10 わり算
あまりがあるわり算①

1 クッキーが17こあります。1人に5こずつ分けると，何人に分けられて何こあまりますか。　式5点，答え5点【10点】

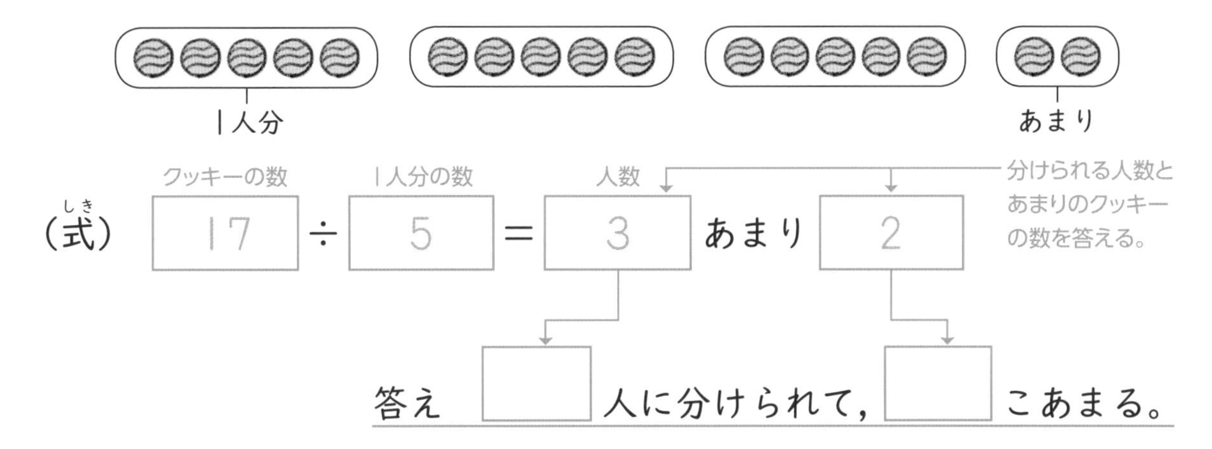

（式） 17 ÷ 5 ＝ 3 あまり 2

答え　□人に分けられて，□こあまる。

2 52cmのリボンを，8cmずつに切ります。8cmのリボンは何本できて，何cmあまりますか。　式5点，答え5点【10点】

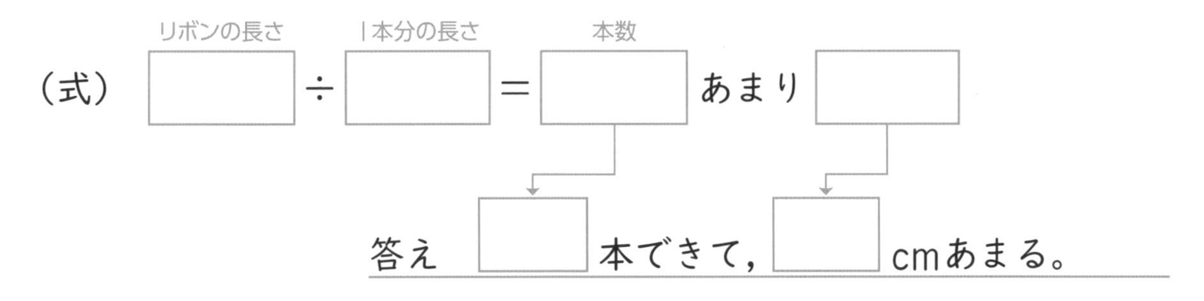

（式） □ ÷ □ ＝ □ あまり □

答え　□本できて，□cmあまる。

3 かきが39こあります。7こずつふくろに入れると，何ふくろできて，何こあまりますか。　式5点，答え5点【10点】

かきの数　1ふくろ分の数　ふくろの数

（式） □ ÷ □ ＝ □ あまり □

答え

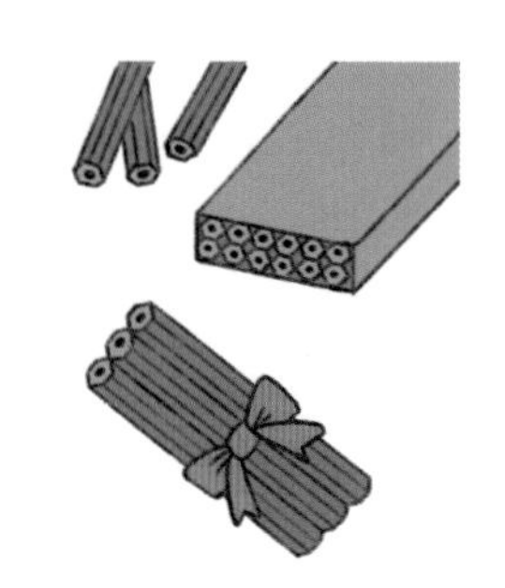

4 えんぴつが19本あります。1人に3本ずつ分けると，何人に分けられて，何本あまりますか。

式5点，答え5点【10点】

（式）

答え

5 ノートが32さつあります。6さつずつたばにすると，何たばできて，何さつあまりますか。

式8点，答え7点【15点】

（式）

答え

6 59このチョコレートを，8こずつ箱に入れます。何箱できて，何こあまりますか。

式8点，答え7点【15点】

（式）

答え

7 35mのロープを，9mずつに切ります。9mのロープは何本できて，何mあまりますか。

式8点，答え7点【15点】

（式）

答え

8 バナナが60本あります。1人に7本ずつ配ると，何人に配れて，何本あまりますか。

式8点，答え7点【15点】

（式）

答え

あまりを書いたかな？

答え ▶ 81ページ

わり算

11 あまりがあるわり算②

1 くりが23こあります。4人で同じ数ずつ分けると，1人分は何こで，何こあまりますか。

式5点，答え5点【10点】

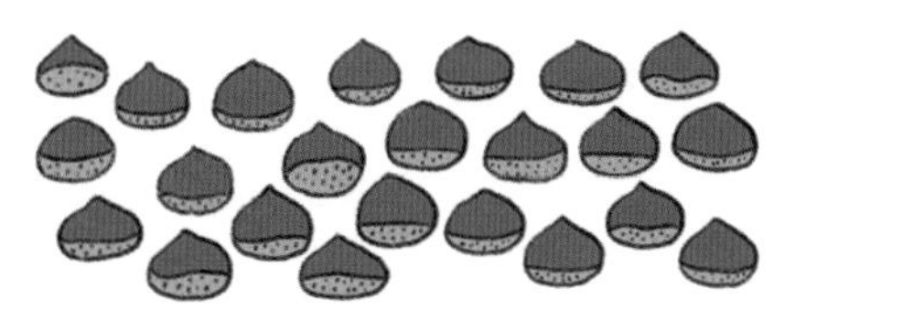

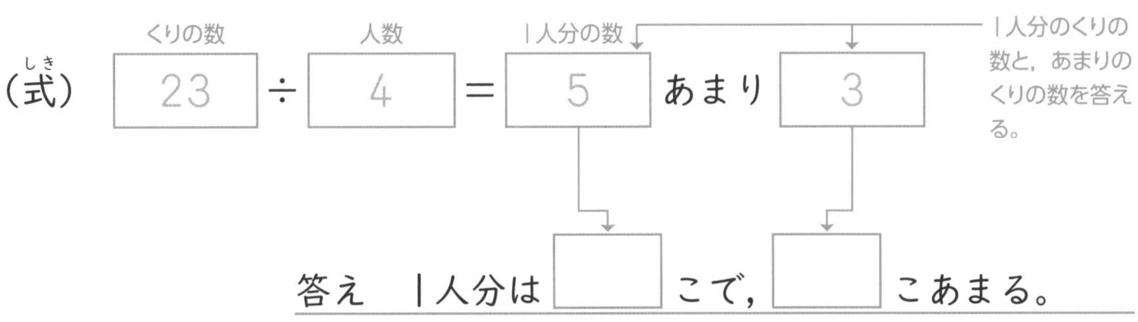

2 カードが38まいあります。6人で同じ数ずつ分けると，1人分は何まいで，何まいあまりますか。

式5点，答え5点【10点】

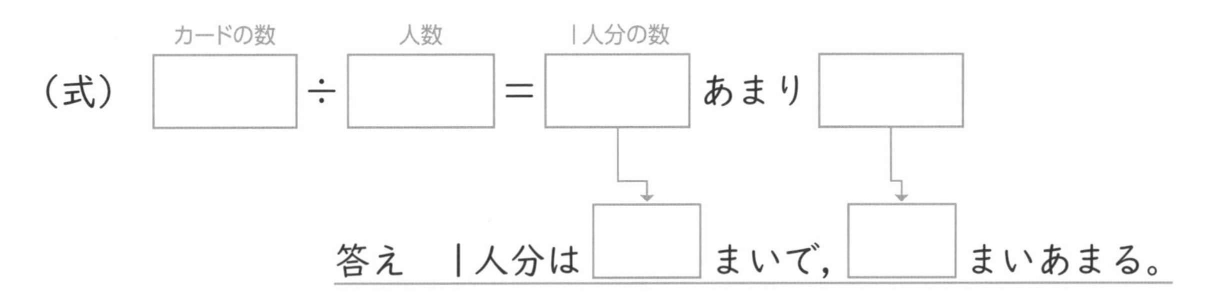

3 45このいちごを，7つのさらに同じ数ずつ分けます。1さら分は何こで，何こあまりますか。

式5点，答え5点【10点】

いちごの数　さらの数　1さら分の数

(式) □ ÷ □ ＝ □ あまり □

答え

4 サイダーが16本あります。5人で同じ数ずつ分けると，1人分は何本で，何本あまりますか。 式5点，答え5点【10点】

（式）

答え

5 色紙が35まいあります。8人で同じ数ずつ分けると，1人分は何まいで，何まいあまりますか。 式8点，答え7点【15点】

（式）

答え

6 30このシュークリームを，4人で同じ数ずつ分けます。1人分は何こで，何こあまりますか。 式8点，答え7点【15点】

（式）

答え

7 76このおはじきを，9つのふくろに同じ数ずつ入れます。1ふくろ分は何こで，何こあまりますか。 式8点，答え7点【15点】

（式）

答え

8 花が41本あります。6人で同じ数ずつ分けると，1人分は何本で，何本あまりますか。 式8点，答え7点【15点】

（式）

答え

今日もよくがんばったね！

答え ▶ 81ページ

12 わり算 あまりがあるわり算③

月　日　とく点　点　10分

1 4人乗りの乗用車があります。23人の人がみんな乗るには，乗用車は何台いりますか。

式5点，答え5点【10点】

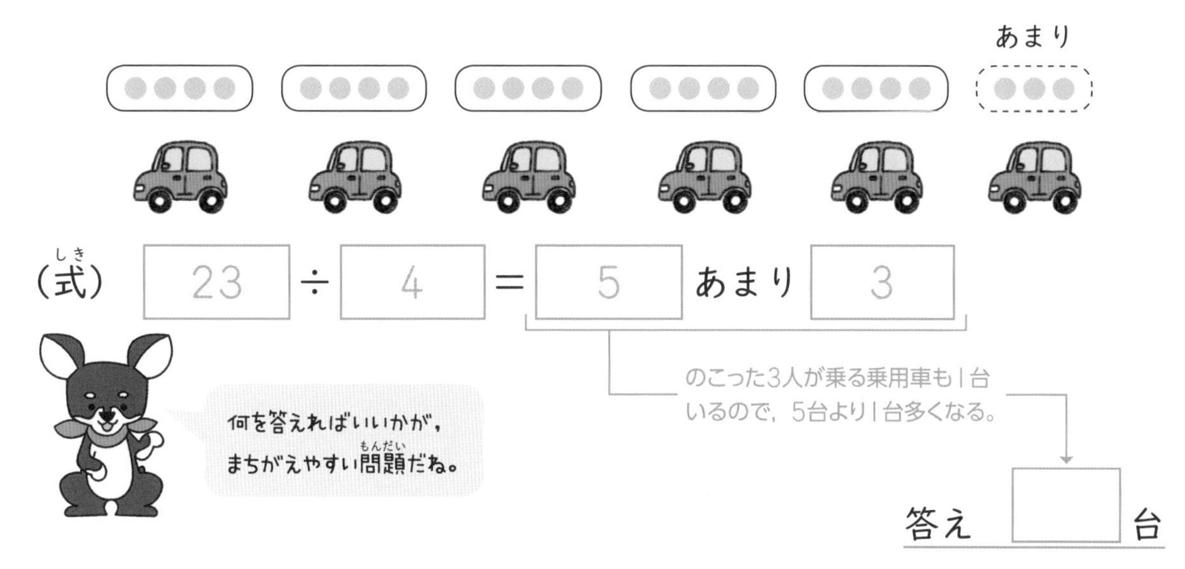

2 ボールが6こ入る箱があります。45このボールを全部箱に入れるには，箱は何箱いりますか。

式5点，答え5点【10点】

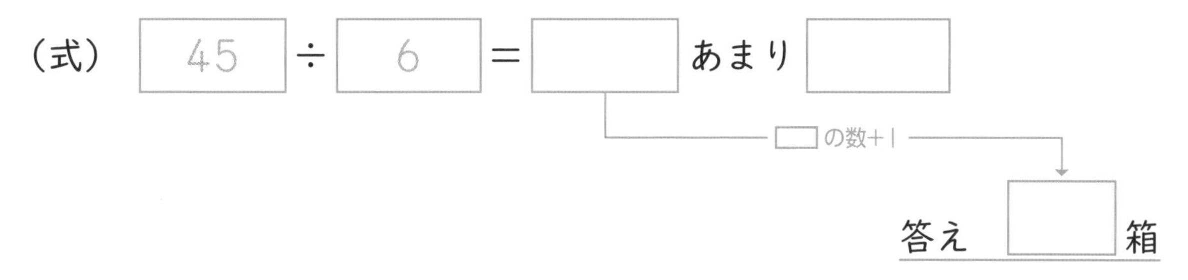

3 32人の子どもが，1きゃくの長いすに，5人ずつすわります。みんながすわるには，長いすは何きゃくいりますか。

式5点，答え5点【10点】

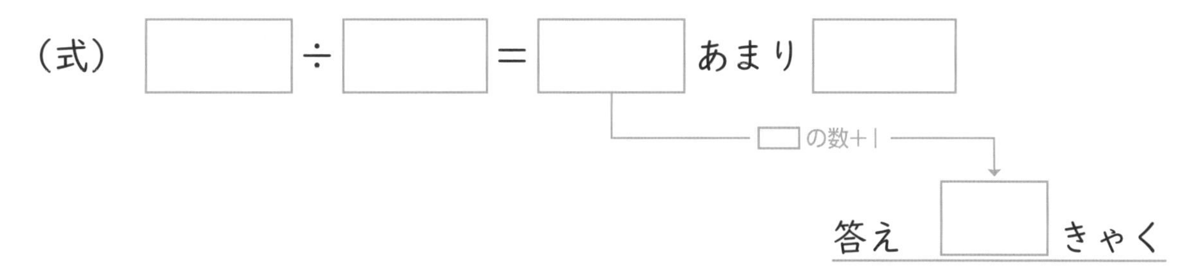

4 油(あぶら)が13Lあります。この油を，2L入りのかんに入れます。油を全(ぜん)部(ぶ)かんに入れるには，かんは何こいりますか。 式5点，答え5点【10点】

（式(しき)）

答え

5 60ページの本を，毎日7ページずつ読んでいきます。何日間で読み終(お)わりますか。 式8点，答え7点【15点】

（式）

答え

6 53この荷物(にもつ)を，1台のトラックに8こずつつみます。全部つむには，トラックは何台いりますか。 式7点，答え8点【15点】

（式）

答え

7 1まいの画用紙から，6まいのカードを作ります。25まいのカードを作るには，画用紙は何まいいりますか。 式8点，答え7点【15点】

（式）

答え

8 75このなしを，1つのかごに9こずつ入れます。全部かごに入れるには，かごはいくついりますか。 式8点，答え7点【15点】

（式）

答え

見直しした？

答え ▶ 82ページ

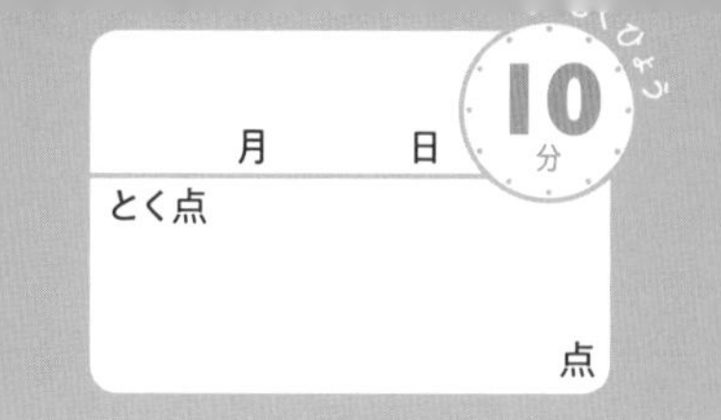

13 わり算

あまりがあるわり算④

1 三りん車を1台つくるのに，タイヤを3こ使(つか)います。タイヤが17こあると，三りん車は何台つくれますか。

式5点，答え5点【10点】

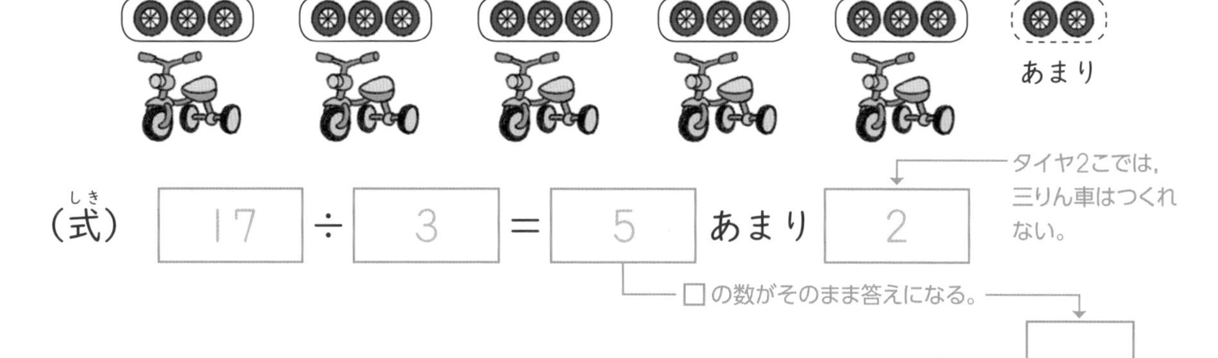

答え □ 台

2 36mのロープを切って，8mのロープをつくります。8mのロープは何本できますか。

式8点，答え7点【15点】

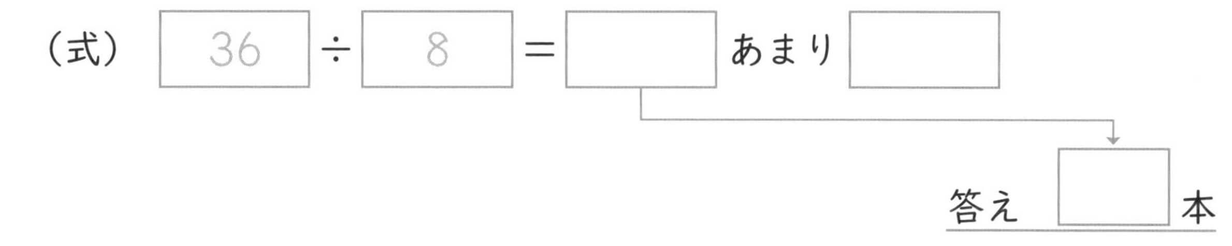

答え □ 本

3 子どもが32人います。5人ずつのはんを作っていき，あまる人が出ないように，6人のはんも作ります。5人のはんと6人のはんはそれぞれ何ぱんできますか。

式8点，答え7点【15点】

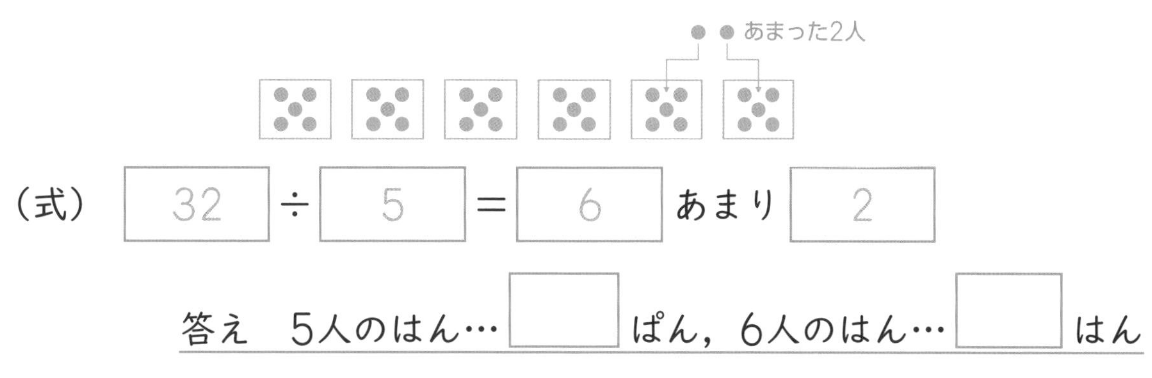

答え　5人のはん…□ぱん，6人のはん…□はん

4 ミニカーを1台つくるのに，タイヤを4こ使(つか)います。タイヤが33こあると，ミニカーは何台つくれますか。 式8点，答え7点【15点】

（式(しき)）

答え

5 52このクッキーを，7こずつふくろに入れて売ります。売るクッキーのふくろは何ふくろできますか。 式8点，答え7点【15点】

（式）

答え

6 75cmのリボンを，9cmずつ切っていき，あまりが出ないように，10cmのリボンもつくります。9cmと10cmのリボンは，それぞれ何本できますか。

式8点，答え7点【15点】

（式）

答え 9cmのリボン… ，10cmのリボン…

7 37ひきの魚を，5つの水そうに分けて入れます。なるべく魚の数が同じになるように入れると，何びきの水そうと何びきの水そうが，それぞれいくつできますか。 式8点，答え7点【15点】

（式）

答え

あまりはまちがっていないかな？

答え ▶ 82ページ

14 わり算

わり算の練習

月　日　10分

とく点　点

1 48cmのテープを，同じ長さずつ6本に切ります。1本の長さは何cmになりますか。　式5点，答え5点【10点】

（式）

答え

2 金魚が42ひきいます。7ひきずつ金魚ばちに入れていきます。全部入れるのに，金魚ばちは何こいりますか。　式5点，答え5点【10点】

（式）

答え

3 1まいのぬのに風船を5こつけて，かざりをつくります。45この風船をすべて使うと，ぬのは何まいいりますか。　式5点，答え5点【10点】

（式）

答え

4 75本の花を，8本ずつの花たばにします。花たばは何たばできて，何本あまりますか。
式5点，答え5点【10点】

（式）

答え

5 絵本が71さつあります。9つのケースに同じ数ずつ，できるだけ多くの本をしまっていくと，1ケースは何さつずつで，何さつあまりますか。

式8点，答え7点【15点】

（式）

答え

6 ボールが26こあります。1人が3こずつ運ぶとすると，全部のボールを運ぶには何人いればよいですか。

式8点，答え7点【15点】

（式）

答え

7 7cmのテープを使って，かざりを1こつくります。テープが68cmあると，かざりは何こつくれますか。

式8点，答え7点【15点】

（式）

答え

8 38このいちごを，6まいのさらに分けて入れます。いちごの数がなるべく同じになるように入れると，いちごが何こと何このさらが，それぞれ何まいできますか。

式8点，答え7点【15点】

（式）

答え

わり算の文章題はバッチリだね！

答え ▶ 82ページ

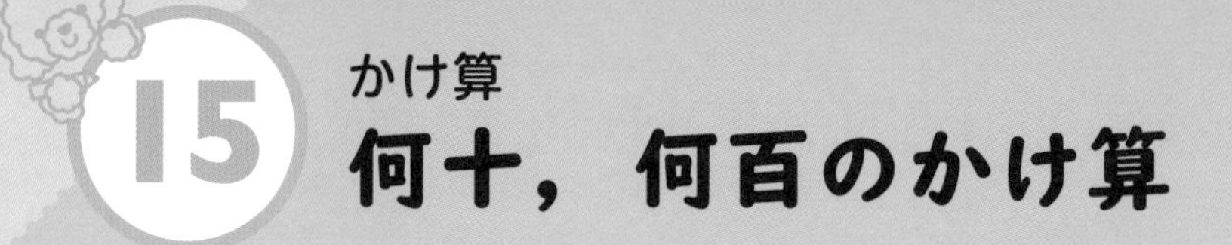

15 かけ算 何十，何百のかけ算

月　日
とく点
点
もくひょう 10分

1 1こ80円のパンを，4こ買いました。代金（だいきん）はいくらになりますか。

式5点，答え5点【10点】

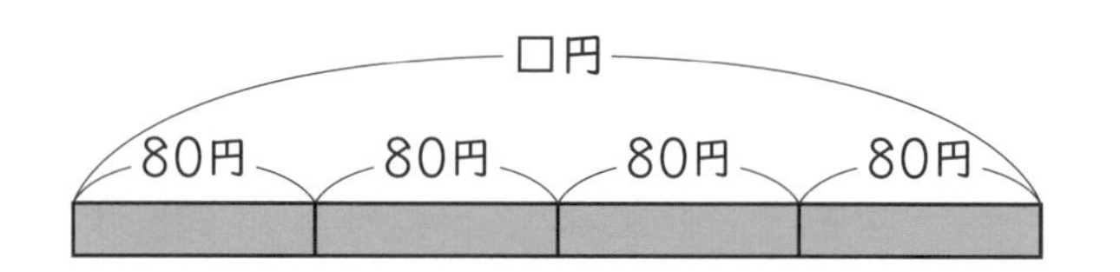

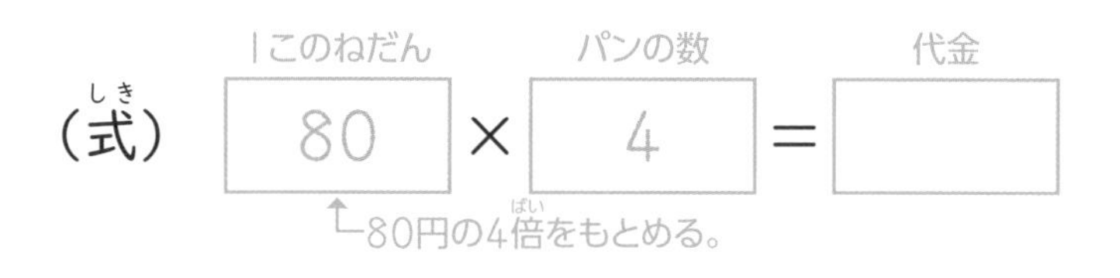

答え ＿＿＿＿＿＿

2 200まいずつの画用紙のたばが，6たばあります。画用紙は全部（ぜんぶ）で何まいありますか。

式5点，答え5点【10点】

（式）［1たばの数］×［たばの数］＝［全部の数］

答え ＿＿＿＿＿＿

3 1こ5円のビーズを，70こ買いました。代金はいくらになりますか。

式5点，答え5点【10点】

（式）［1このねだん］×［ビーズの数］＝［代金］

答え ＿＿＿＿＿＿

4 まわりの長さが90mの池のまわりを，20回走りました。全部で何m走りましたか。

式5点，答え5点【10点】

（式）

（まわりの長さ）×（走った回数）でもとめられるね！

答え

5 30人ずつ乗っているバスが8台あります。みんなで何人乗っていますか。

式8点，答え7点【15点】

（式）

答え

6 1こ400円のケーキを，4こ買いました。代金はいくらになりますか。

式8点，答え7点【15点】

（式）

答え

7 あめが7こずつ入っているふくろが，30ふくろあります。あめは全部で何こありますか。

式8点，答え7点【15点】

（式）

答え

8 文集を1さつ作るのに，紙を40まい使います。50さつ作るには，紙は何まいいりますか。

式8点，答え7点【15点】

（式）

答え

かけ算もがんばろー！

答え ▶ 83ページ

16

かけ算

1けたをかけるかけ算

月　日　10分

とく点　　点

1 1こ28円のあめを，5こ買いました。代金（だいきん）はいくらになりますか。

式5点，答え5点【10点】

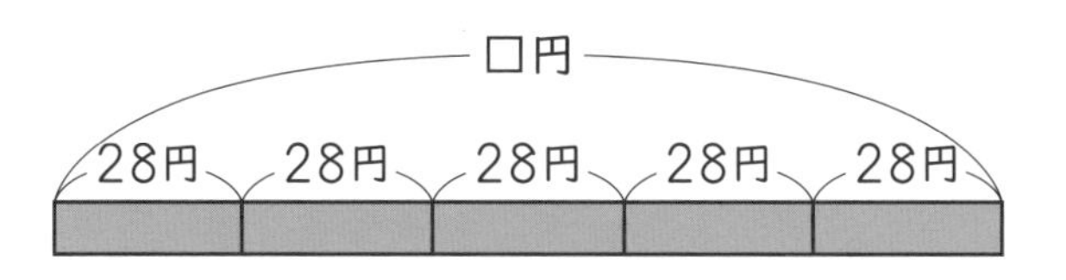

	1このねだん		あめの数		代金
（式（しき））	28	×	5	＝	

答え

2 1本の長さが124mのロープが3本あります。ロープの長さは，全部（ぜんぶ）で何mになりますか。

式5点，答え5点【10点】

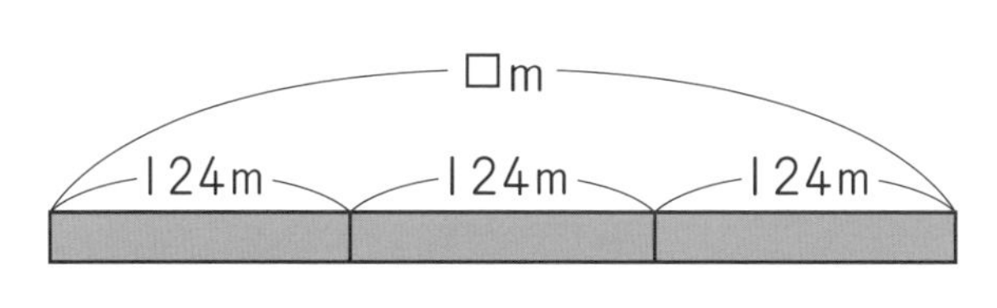

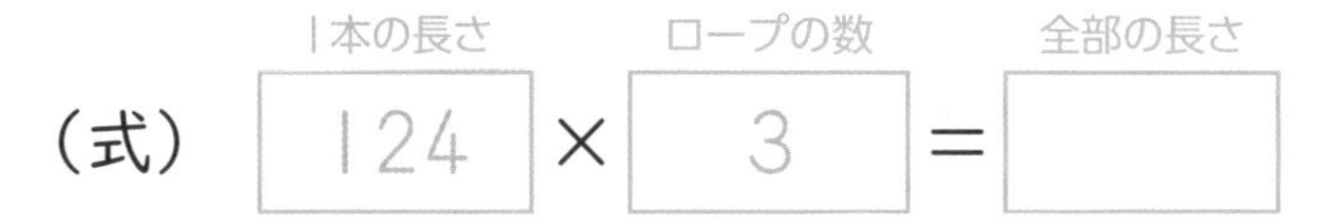

	1本の長さ		ロープの数		全部の長さ
（式）	124	×	3	＝	

答え

3 1こ635円のメロンを，7こ買いました。代金はいくらになりますか。

式5点，答え5点【10点】

	1このねだん		メロンの数		代金
（式）		×		＝	

答え

4 だいちさんの組には，はんが5はんあります。どのはんにも画用紙を37まいずつ配る(くば)には，画用紙は何まいいりますか。　式5点，答え5点【10点】

(式(しき))

答え ＿＿＿＿＿＿

5 7台のトラックで，荷物(にもつ)を運(はこ)びます。1台のトラックで荷物を53こずつ運ぶと，全部(ぜんぶ)で何こ運べますか。　式8点，答え7点【15点】

(式)

答え ＿＿＿＿＿＿

6 1本165円のボールペンを5本買いました。代金(だいきん)はいくらになりますか。　式8点，答え7点【15点】

(式)

答え ＿＿＿＿＿＿

7 1ぴきのねだんが375円の魚を3びき買いました。全部でいくらになりますか。　式8点，答え7点【15点】

(式)

答え ＿＿＿＿＿＿

8 アルミかんを，毎月350こずつ集(あつ)めます。9か月集めると，全部で何こになりますか。　式8点，答え7点【15点】

(式)

答え ＿＿＿＿＿＿

見直しした？

答え ▶ 83ページ

17 かけ算

2けたの数×2けたの数

月　日　10分

とく点　　点

1 1本63円のキャンディーを，12本買いました。代金はいくらになりますか。

式5点，答え5点【10点】

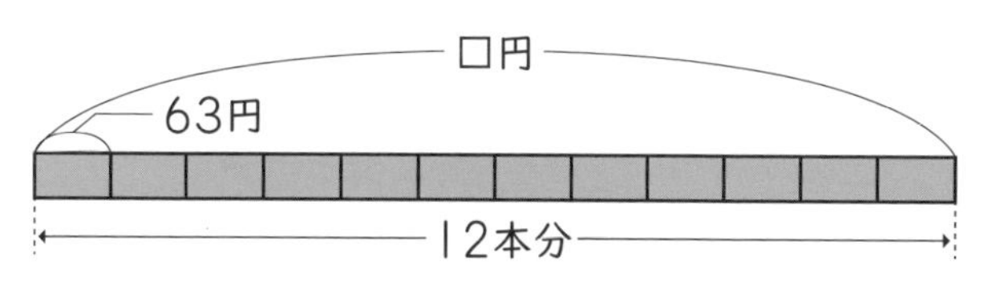

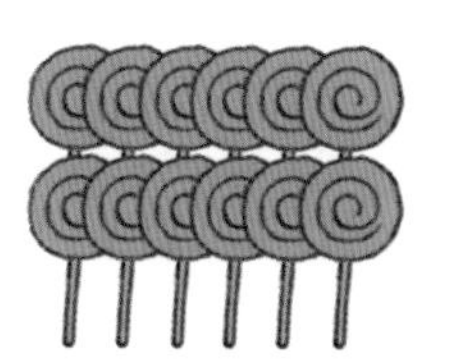

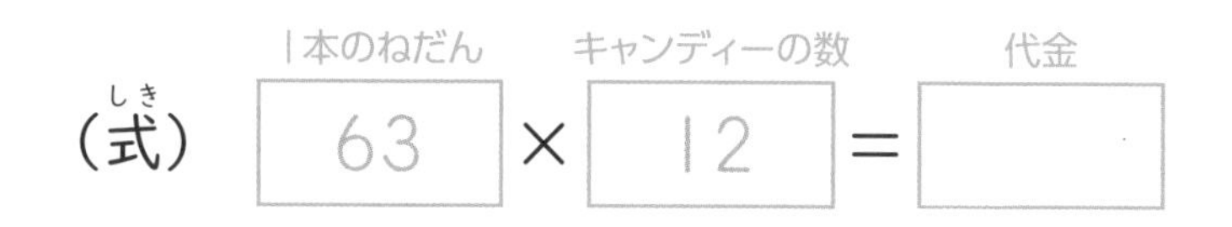

答え ＿＿＿＿＿＿

2 かきを1箱に72こずつつめます。29箱あると，全部で何こつめられますか。

式5点，答え5点【10点】

1箱の数　箱の数　全部の数

(式) □ × □ = □

答え ＿＿＿＿＿＿

3 23人の子どもに，色紙を18まいずつ配ります。色紙は何まいいりますか。

式5点，答え5点【10点】

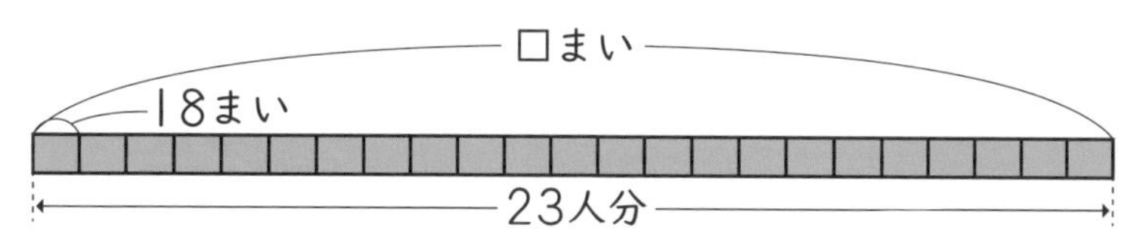

答え ＿＿＿＿＿＿

4 1こ15円のあめを，37こ買いました。代金(だいきん)はいくらですか。

式5点，答え5点【10点】

(式(しき))

(1このねだん)×(あめの数)
でもとめられるね。

答え

5 あいりさんの組では，つるを毎日46わずつ22日間おりました。全部(ぜんぶ)で何わおりましたか。

式8点，答え7点【15点】

(式)

答え

6 1まいの画用紙から36まいのカードをつくります。画用紙が54まいあると，カードは何まいつくれますか。

式8点，答え7点【15点】

(式)

答え

7 40本ずつのひごのたばが，19たばあります。ひごは全部で何本ありますか。

式8点，答え7点【15点】

(式)

答え

8 子ども会に32人来ます。みんなに95円のジュースを1本ずつ配(くば)るには，いくらかかりますか。

式8点，答え7点【15点】

(式)

答え

よくできたね！

答え ▷ 83ページ

18 かけ算
3けたの数×2けたの数

月　日　10分
とく点　　点

1 図書室で，1さつ695円の本を14さつ買うことになりました。代金はいくらになりますか。
式5点，答え5点【10点】

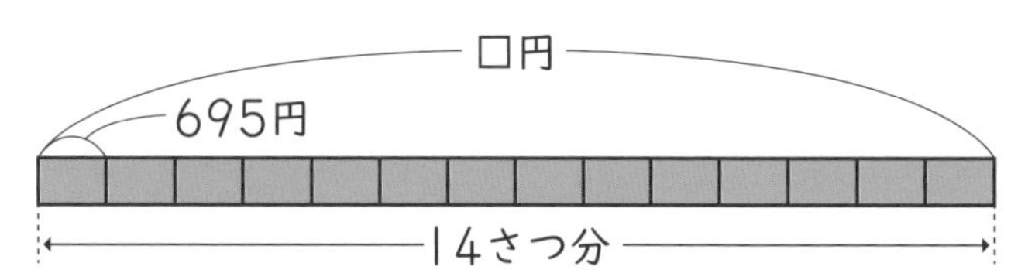

	1さつのねだん		本の数		代金
(式)	695	×	14	=	

答え

2 1本のびんに，ジュースが380mL入っています。このびんが37本あると，ジュースは全部で何mLになりますか。
式5点，答え5点【10点】

	1本分のかさ		びんの数		全部のかさ
(式)		×		=	

答え

3 18人でハイキングに行きます。1人分のひようが876円かかるとき，ひようは全部でいくらになりますか。
式5点，答え5点【10点】

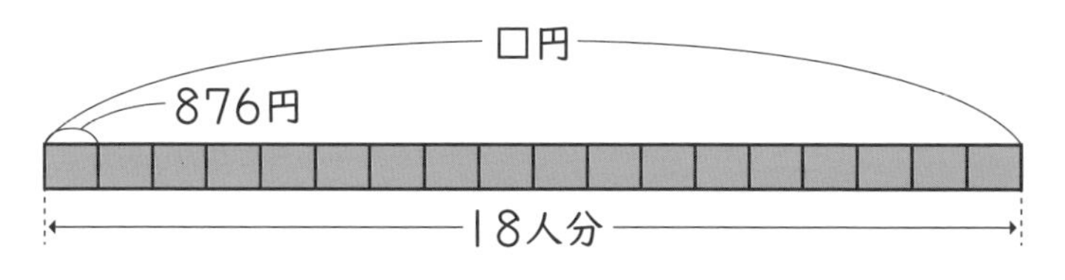

876円の18倍をもとめるよ。

	1人分のひよう		人数		全部のひよう
(式)		×		=	

答え

4 たけるさんは，1日に450m泳ぎます。31日間では何m泳ぐことになりますか。

式5点，答え5点【10点】

（式）

答え

5 子ども会で，1本128円のお茶を37本買います。全部でいくらになりますか。

式8点，答え7点【15点】

（式）

答え

6 1台のトラックに，荷物を346こつんで運びます。トラックが26台あると，荷物は何こ運べますか。

式8点，答え7点【15点】

（式）

答え

7 トライアングルは1つ895円です。大だいこのねだんは，トライアングルの60倍です。大だいこのねだんはいくらですか。

式8点，答え7点【15点】

（式）

答え

8 水族館で，43この水そうに水を760Lずつ入れます。水は全部で何L使いますか。

式8点，答え7点【15点】

（式）

答え

その調子，その調子！

答え ▶ 83ページ

19

かけ算

3つの数のかけ算

月　日

とく点

点

10分

1 1まい50円のクッキーが，1ふくろに2まいずつ入っています。4ふくろ買うと，代金(だいきん)はいくらになりますか。

式5点，答え5点【10点】

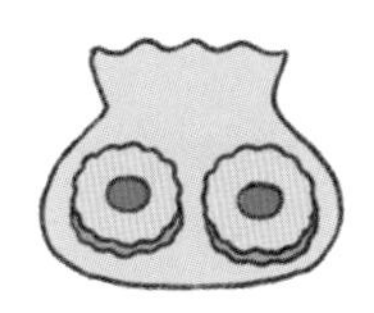
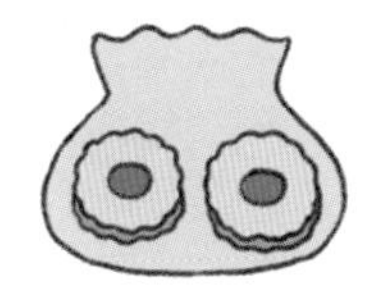
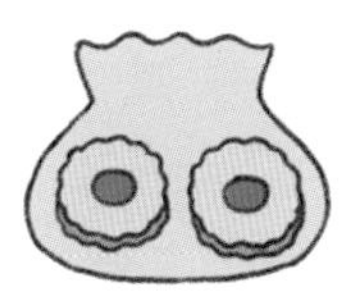
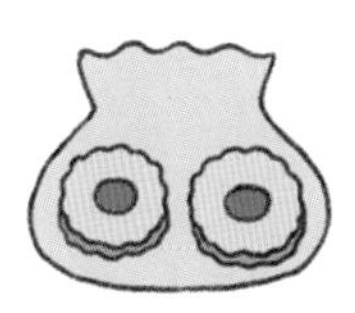

1ふくろあたりの代金(50×2)円を先に計算しても，クッキーの数(2×4)こを先に計算しても，答えは同じ。

	1このねだん		1ふくろの数		ふくろの数		代金
(式(しき))	50	×	2	×	4	=	

答え

2 1こ20円のあめが，3こずつ入っているふくろがあります。3ふくろ買うと，代金はいくらになりますか。

式8点，答え7点【15点】

	1このねだん		1ふくろの数		ふくろの数		代金
(式)		×		×		=	

答え

3 みかんが60こずつ入っている箱(はこ)を，2箱ずつ3人に送(おく)りました。送ったみかんは，全部(ぜんぶ)で何こですか。

式8点，答え7点【15点】

	1箱の数		1人の箱の数		人数		全部の数
(式)		×		×		=	

答え

4 1こ80円のおかしが，1箱（はこ）に5こずつ入っています。2箱買うと，代金（だいきん）はいくらになりますか。　式8点，答え7点【15点】

（式（しき））

1つの式に表（あらわ）したら，くふうして計算しよう。

答え

5 1ふくろにせんべいを3まいずつ入れて，1人に4ふくろずつ配（くば）ります。5人に配るには，せんべいは何まいいりますか。　式8点，答え7点【15点】

（式）

答え

6 1ぴき90円の魚が，1パックに2ひきずつ入っています。4パック買うと，代金はいくらになりますか。　式8点，答え7点【15点】

（式）

答え

7 1まい20円の切手を，毎日5まいずつ8日間使（つか）いました。全部（ぜんぶ）でいくらかかりましたか。　式8点，答え7点【15点】

（式）

答え

半分までできたよ。のこりもがんばろう！

答え ▶ 84ページ

20 かけ算
かけ算の練習

月　日
とく点
点
10分

1 1辺の長さが29cmの正方形があります。この正方形のまわりの長さは何cmですか。式5点，答え5点【10点】

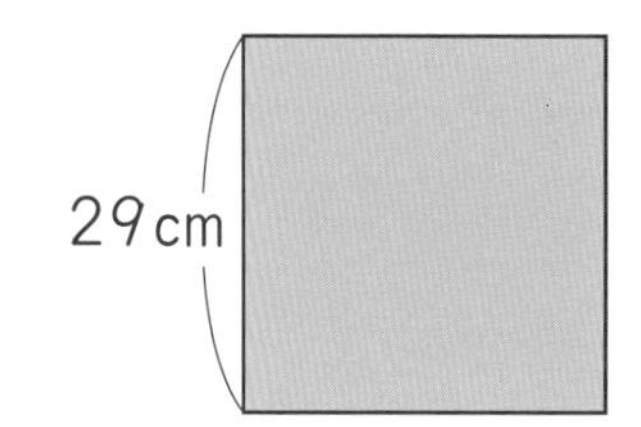

（式）

答え

2 214このだいずが入ったふくろが6ふくろあります。だいずは全部で何こありますか。式5点，答え5点【10点】

（式）

答え

3 ななみさんの町にある山は，高さが472mです。富士山の高さは，ななみさんの町にある山の8倍あります。富士山の高さは何mですか。式5点，答え5点【10点】

（式）

答え

4 ひろとさんは，1日に計算問題を25問とくことにしました。2週間では何問ときますか。式5点，答え5点【10点】

（式）

答え

5 文集を37さつ作ります。文集を1さつ作るのに，紙を46まい使います。紙は何まい用意すればよいですか。　式8点，答え7点【15点】

（式）

答え

6 ビーズを126こつけてワンピースを作ります。ワンピースを18まい作るなら，ビーズは何こいりますか。　式8点，答え7点【15点】

（式）

答え

7 はるとさんは遠足で動物園に行きます。はるとさんの組の人数は34人で，動物園の入園りょうは，1人650円です。入園りょうは全部でいくらかかりますか。　式8点，答え7点【15点】

（式）

答え

8 1まい105円のせんべいが，1箱に8まいずつ入っています。5箱買うと，代金はいくらになりますか。1つの式に表して，答えをもとめましょう。　式8点，答え7点【15点】

（式）

答え

かけ算の文章題のときかたが，わかったかな？

答え ▶ 84ページ

[動物かけ算]

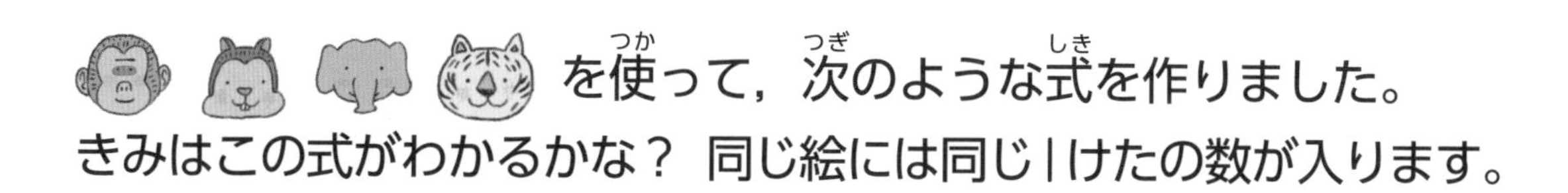

を使って，次のような式を作りました。
きみはこの式がわかるかな？ 同じ絵には同じ1けたの数が入ります。

1 下の「動物かけ算」を考えてみよう。 にあてはまる数は何かな？ 答えは2つ考えられるよ。

【ヒント】
●同じ数どうしをかけても，答えが同じになる。

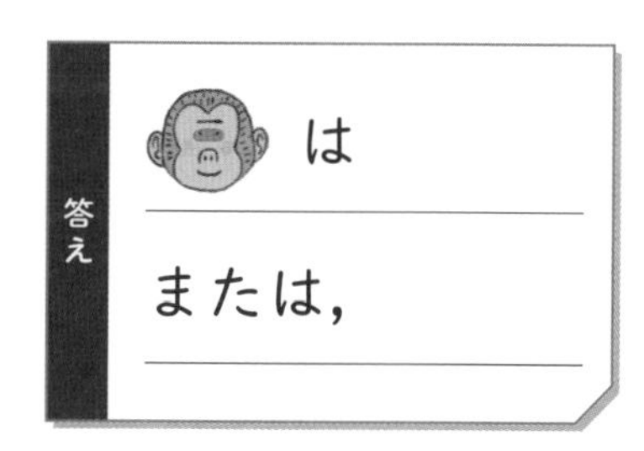

2 右下の「動物(どうぶつ)かけ算」を考えてみよう。にあてはまる数は何かな？

【ヒント】

●×＝ は，45ページの

と同じだから，は１か０のどちらかだね。

●×＝だから，は１

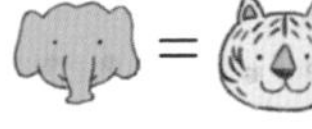
●次(つぎ)に ×＝

＋＝ だから，

と の数がわかるよ。

答え ▶ 84ページ

長さ

22 長さ

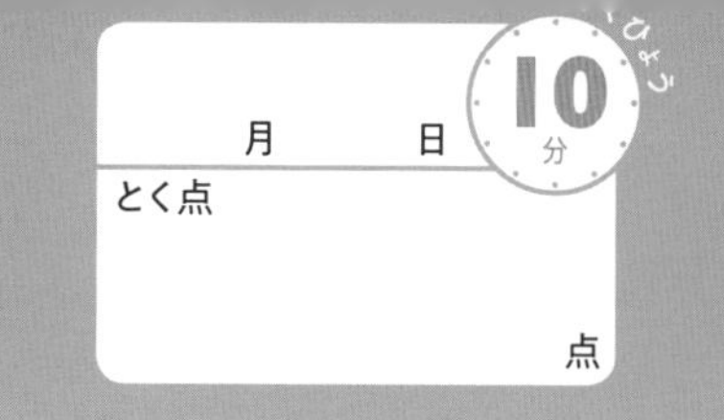

1 下の図を見て答えましょう。　式5点，答え5点【20点】

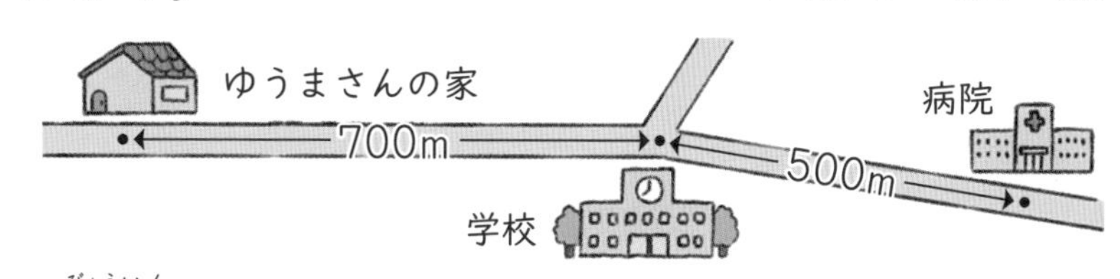

① ゆうまさんの家から病院（びょういん）までの道のりは何km何mですか。

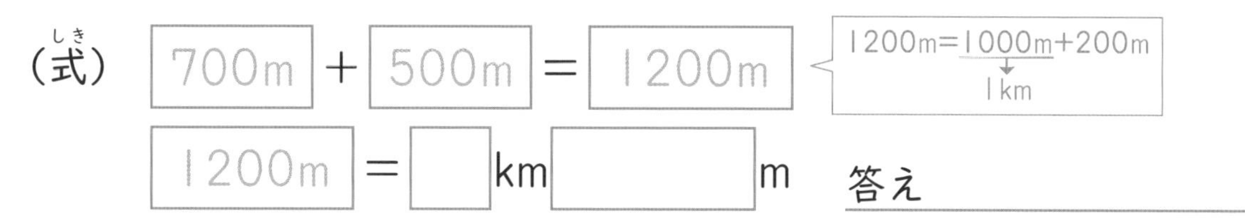

② 学校からゆうまさんの家までの道のりと，学校から病院までの道のりのちがいは何mですか。

（式）□ − □ ＝ □

答え

2 下の図を見て答えましょう。　式5点，答え5点【20点】

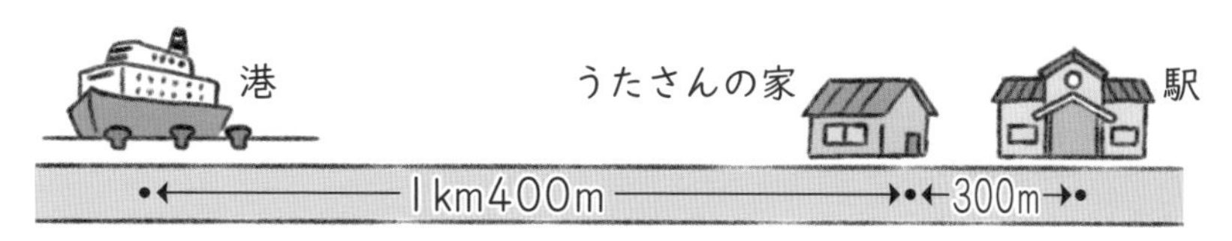

① 港（みなと）から駅（えき）までの道のりは何km何mですか。

（式）

答え

② うたさんの家から港までの道のりと，うたさんの家から駅までの道のりのちがいは何km何mですか。

（式）

答え

3 右の図を見て答えましょう。

式5点，答え5点【30点】

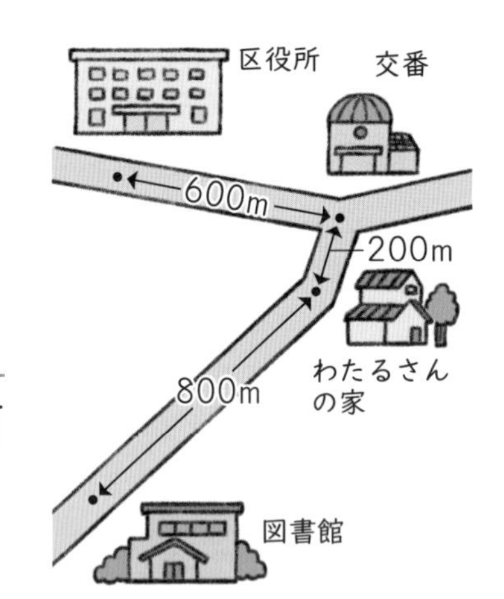

① わたるさんの家から区役所（くやくしょ）までの道のりは何mですか。

（式（しき））

答え

② 区役所から図書館（としょかん）までの道のりは何km何mですか。

（式）

答え

③ わたるさんの家から交番までの道のりと，わたるさんの家から図書館までの道のりのちがいは何mですか。

（式）

答え

4 下の図を見て答えましょう。

式8点，答え7点【30点】

① 公園からレストランまでの道のりは何km何mですか。

（式）

答え

② かのんさんの家から公園までの道のりと，かのんさんの家からレストランまでの道のりのちがいは何mですか。

（式）

答え

おうえんしてるからね！

答え ▶ 84ページ

23 重さ

重さ

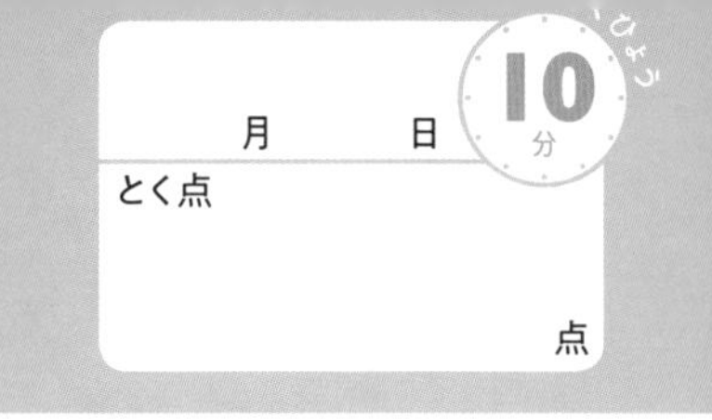

1 重さが800gの図かんと，500gのまんがの本があります。

式5点，答え5点【20点】

① あわせた重さは何kg何gですか。

（式） 図かんの重さ 800g ＋ まんがの重さ 500g ＝ あわせた重さ 1300g

1300g＝1000g＋300g
1kg

1300g ＝ □kg □g

答え

② 図かんは，まんがの本より何g重いですか。

（式） 図かんの重さ □ － まんがの重さ □ ＝ 重さのちがい □

答え

2 重さが1kg100gのメロンを，250gのかごに入れます。全体の重さは何kg何gですか。

式5点，答え5点【10点】

（式） メロンの重さ 1kg100g ＋ かごの重さ 250g ＝ 全体の重さ 1kg350g

100g＋250g

同じたんいどうしの数をたす。

答え

3 重さが400gの箱に荷物を入れたら，全体の重さが1kg200gになりました。荷物の重さは何gですか。

式5点，答え5点【10点】

（式）

1kg200gは1200gだね。

答え

4 重さが350gの魚のかんづめと，850gの肉のかんづめがあります。 式7点，答え8点【30点】

① あわせた重さは何kg何gですか。

（式）

答え

② 重さのちがいは何gですか。

（式）

答え

5 重さが1kg300gのかばんに，800gの本を入れます。全体の重さは，何kg何gになりますか。 式8点，答え7点【15点】

（式）

300gと800gで何kg何gかな？

答え

6 なつみさんの体重は28kgです。赤ちゃんをだいて重さをはかったら33kgでした。赤ちゃんの体重は何kgですか。 式8点，答え7点【15点】

（式）

答え

今日もよくがんばったね！

答え ▶ 85ページ

小数のたし算とひき算

24 小数のたし算

月　日　とく点　点　10分

1 ジュースが大きいびんに1.2L，小さいびんに0.6L入っています。ジュースはあわせて何Lありますか。

式5点，答え5点【10点】

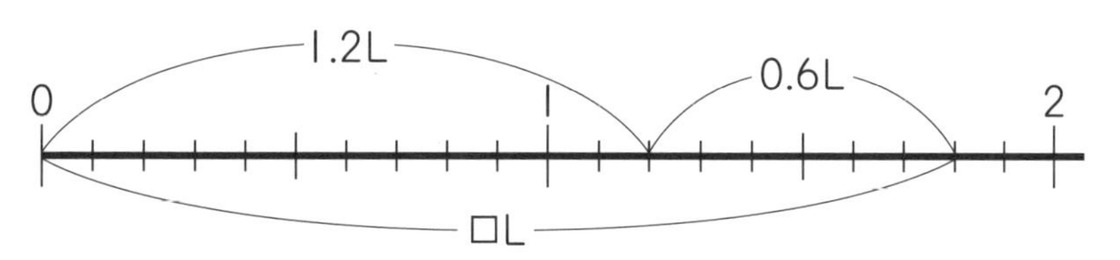

【小数のたし算の筆算】

$$\begin{array}{r} 1.2 \\ +\ 0.6 \\ \hline 1.8 \end{array}$$

❶位をそろえて書く。
❷整数のたし算と同じように計算する。
❸上の小数点にそろえて，答えの小数点をうつ。

（式） 1.2 ＋ 0.6 ＝ □

答え

2 1.6mのテープと1.7mのテープをつなぎました。全体の長さは何mになりますか。

式6点，答え6点【12点】

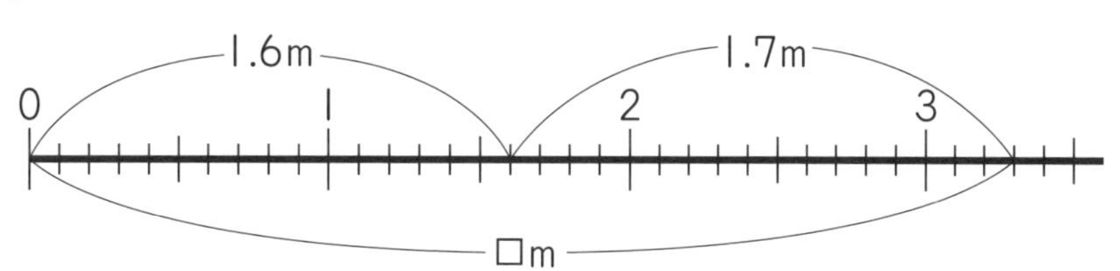

（式） □ ＋ □ ＝ □　　答え

3 重さが0.6kgの箱に，りんごを2.4kg入れました。全体の重さは何kgになりますか。

式6点，答え6点【12点】

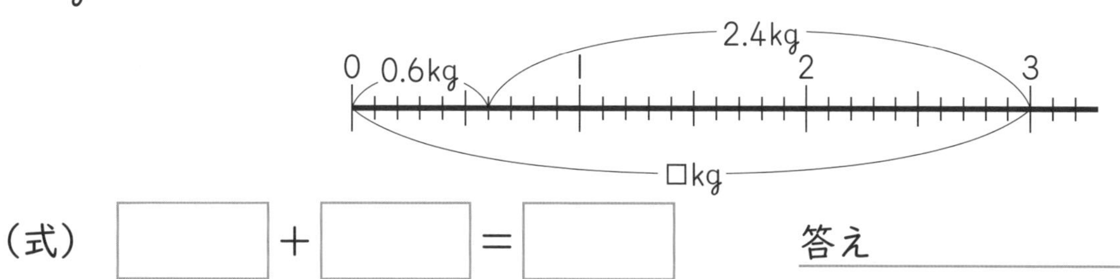

（式） □ ＋ □ ＝ □　　答え

4 水がやかんに1.3L，バケツに2.4L入っています。水はあわせて何Lありますか。

式7点，答え6点【13点】

（式）

答え

5 深さが1.2mのプールにぼうを立てたら，水の上に0.9m出ました。ぼうの長さは何mですか。

式7点，答え6点【13点】

（式）

答え

6 さとるさんはこれまでに4.5km走りました。あと2.6km走ると，全部で何km走ることになりますか。

式7点，答え6点【13点】

（式）

答え

7 2.3kgの赤土と2.7kgの黒土をまぜました。全体の重さは何kgになりますか。

式7点，答え6点【13点】

（式）

「5.0」のような数になったら，答えは整数で書こう。

答え

8 バケツに水が4.5L入っています。水そうに入っている水は，バケツより9L多いです。水そうに入っている水は何Lですか。

式7点，答え7点【14点】

（式）

答え

小数の文章題だね。

答え ▶ 85ページ

小数のたし算とひき算

25 小数のひき算

月　日　とく点　点　10分

1 ジュースが1.8Lあります。0.6L飲(の)むと，のこりは何Lになりますか。

式5点，答え5点【10点】

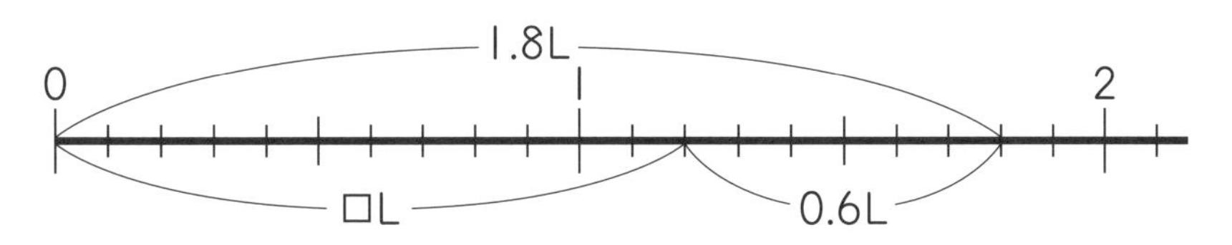

【小数のひき算の筆算(ひっさん)】

$$\begin{array}{r} 1.8 \\ -\ 0.6 \\ \hline 1.2 \end{array}$$

❶位(くらい)をそろえて書く。
❷整数(せいすう)のひき算と同じように計算する。
❸上の小数点にそろえて，答えの小数点をうつ。

(式(しき)) 1.8 − 0.6 = □

答え

2 赤いテープが2.3m，青いテープが1.5mあります。長さのちがいは何mですか。

式6点，答え6点【12点】

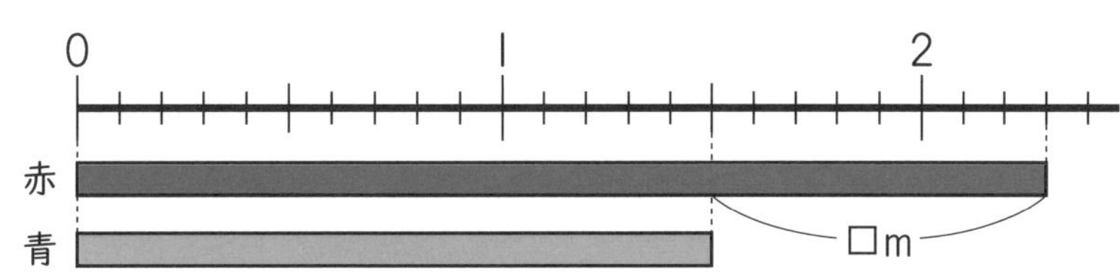

(式) □ − □ = □

答え

3 重(おも)さが0.6kgのバケツに水を入れて重さをはかったら，3kgありました。水の重さは何kgですか。

式6点，答え6点【12点】

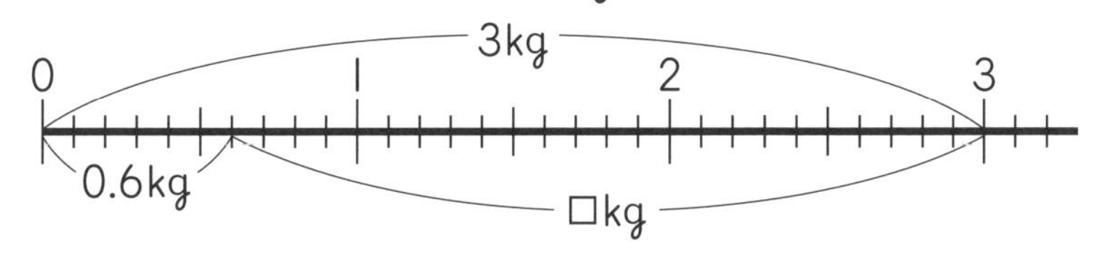

3は3.0と考えて計算しよう。

(式) □ − □ = □

答え

4 さとうが3.6kgありました。1.4kg使うと，のこりは何kgになりますか。

式7点，答え6点【13点】

（式）

答え ＿＿＿＿＿＿

5 道のりが6.8kmのハイキングコースがあります。さとみさんはこれまでに2.8km歩きました。あと何kmのこっていますか。

式7点，答え6点【13点】

（式）

答え ＿＿＿＿＿＿

6 細いはり金が2.9m，太いはり金が4.3mあります。太いはり金は細いはり金より何m長いですか。

式7点，答え6点【13点】

（式）

答え ＿＿＿＿＿＿

7 高さが0.7mのたなを台の上にのせたら，全体の高さが1.4mになりました。台の高さは何mですか。

式7点，答え6点【13点】

（式）

0の書きわすれをしないようにね！

答え ＿＿＿＿＿＿

8 学校から駅までのきょりは5kmあります。学校から市役所までのきょりは，駅までのきょりより1.3km短いです。学校から市役所までのきょりは何kmですか。

式7点，答え7点【14点】

（式）

答え ＿＿＿＿＿＿

おうえんしてるからね！

答え ▶ 85ページ

26 小数のたし算とひき算

月　日　10分

とく点　点

1 お湯(ゆ)がやかんに1.8L，ポットに2.6L入っています。　式5点，答え5点【20点】

① お湯はあわせて何Lありますか。

（式(しき)）

答え

② やかんとポットに入っているお湯のかさのちがいは何Lですか。

（式）

答え

2 しょうゆが8.3dLありました。夕食をつくるのに，0.6dL使(つか)いました。しょうゆは何dLのこっていますか。　式5点，答え5点【10点】

（式）

答え

3 長さが1.7mのソファーの横(よこ)に，1.3mのたなをくっつけてならべました。全体(ぜんたい)の長さは何mになりましたか。　式5点，答え5点【10点】

（式）

答え

4 長方形をかきました。たての長さは5.7cmで，横(よこ)の長さはたての長さより3cm長くかきました。横の長さは何cmですか。

式8点，答え7点【15点】

（式(しき)）

答え

5 テープを0.3m使(つか)ったので，のこりが2.8mになりました。テープははじめに何mありましたか。

式8点，答え7点【15点】

（式）

答え

6 長さが2mのぼうを，つもっている雪にさしたら，雪の上に0.8m出ました。雪は何mつもっていますか。

式8点，答え7点【15点】

（式）

答え

7 みなとさんはきのう5.2km走りました。今日(きょう)はきのうより1.6km少なく走ったそうです。今日は何km走りましたか。

式8点，答え7点【15点】

（式）

答え

小数の計算にもなれた？

答え ▶ 85ページ

分数のたし算

1 りんごジュースが2本のびんに，それぞれ$\frac{1}{5}$Lと$\frac{2}{5}$L入っています。りんごジュースはあわせて何Lありますか。

式5点，答え5点【10点】

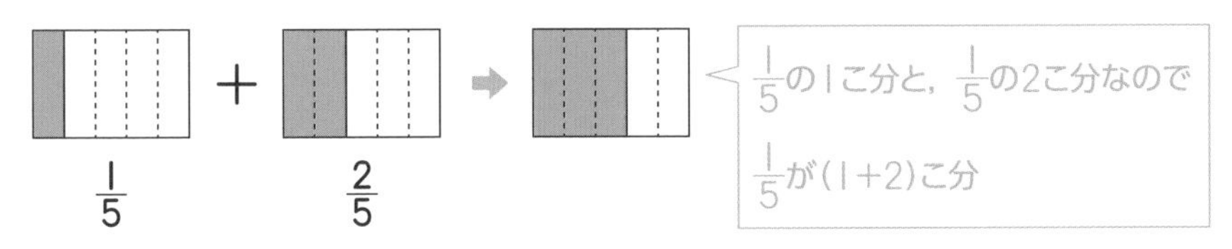

(式) $\frac{1}{5}$ ＋ $\frac{2}{5}$ ＝ □

答え

2 重さが$\frac{2}{4}$kgの箱に，$\frac{1}{4}$kgの水を入れました。全体の重さは何kgになりますか。

式5点，答え5点【10点】

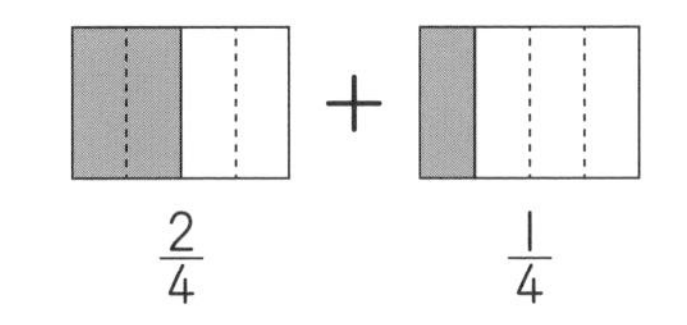

(式) □ ＋ □ ＝ □

答え

3 あゆむさんの家から，駅は北へ$\frac{5}{6}$kmのところにあり，学校は南へ$\frac{1}{6}$kmのところにあります。駅から学校までは何kmありますか。

式5点，答え5点【10点】

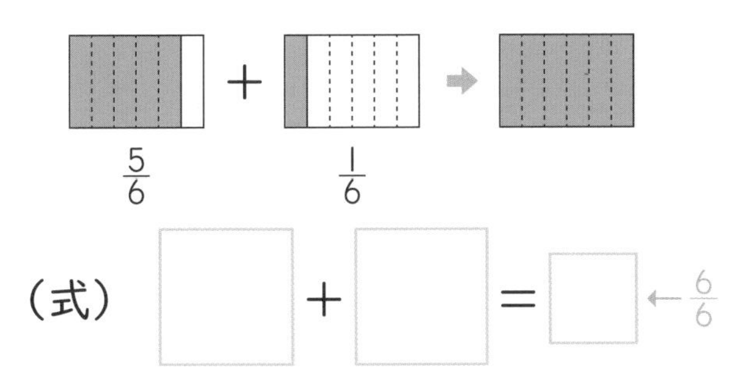

$\frac{6}{6}$は，1と同じ大きさだね。

答え

4 ドレッシングを，きのうは$\frac{1}{9}$dL，今日(きょう)は$\frac{3}{9}$dL使(つか)いました。あわせて何dL使いましたか。
式5点，答え5点【10点】

（式(しき)）

答え

5 青いペンキを$\frac{3}{5}$Lと，白いペンキを$\frac{2}{5}$Lまぜて，水色のペンキをつくりました。水色のペンキは何Lできましたか。
式8点，答え7点【15点】

（式）

答え

6 たくみさんは$\frac{4}{7}$km走りました。あと$\frac{2}{7}$km走るそうです。全部(ぜんぶ)で何km走りますか。
式8点，答え7点【15点】

（式）

答え

7 重(おも)さが$\frac{3}{6}$kgの荷物(にもつ)を，$\frac{2}{6}$kgの箱(はこ)に入れました。全体の重さは何kgになりましたか。
式8点，答え7点【15点】

（式）

答え

8 赤いテープの長さは$\frac{7}{10}$mです。青いテープの長さは，赤いテープより$\frac{3}{10}$m長いです。青いテープの長さは何mですか。
式8点，答え7点【15点】

（式）

答え

その調子(ちょうし)，その調子！

答え ▷ 86ページ

分数のたし算とひき算

分数のひき算

1 右の表のように，赤，緑，白の3本のリボンがあります。

式6点，答え6点【24点】

リボン	長さ
赤	$\frac{6}{7}$m
緑	$\frac{1}{7}$m
白	$\frac{4}{7}$m

① 赤のリボンは白のリボンより何m長いですか。

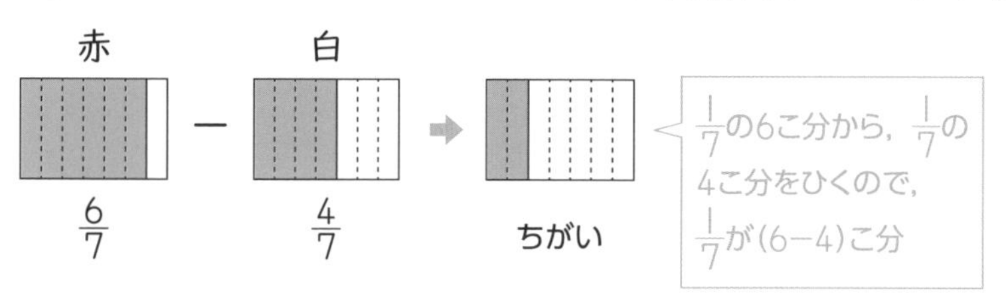

（式） $\frac{6}{7}$ − $\frac{4}{7}$ = □

答え ＿＿＿＿

② 緑のリボンと白のリボンは，どちらが何m長いですか。

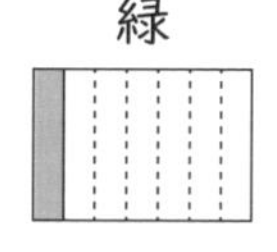

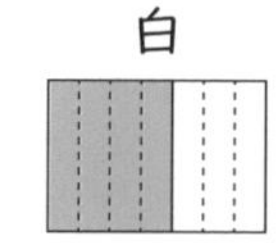

（式） □ − □ = □

答え ＿＿＿＿のリボンが＿＿＿＿m長い。

2 オレンジジュースが1Lあります。$\frac{1}{3}$L飲むと，のこりは何Lになりますか。

式8点，答え7点【15点】

（式） 1 − $\frac{1}{3}$ = □

1を分母が3の分数にして $\frac{3}{3}$ − $\frac{1}{3}$

$\frac{3}{3}$ − $\frac{1}{3}$

1は，$\frac{3}{3}$と考えよう。

答え ＿＿＿＿

3 長さが$\frac{6}{9}$mのテープがあります。$\frac{4}{9}$m使うと，のこりは何mになりますか。

式8点，答え7点【15点】

（式）

答え

4 赤みそと白みそが，あわせて$\frac{7}{8}$kgあります。そのうち，赤みそは$\frac{3}{8}$kgです。白みそは何kgありますか。

式8点，答え7点【15点】

（式）

答え

5 ひもが$\frac{7}{10}$mあります。1mに何mたりませんか。

式8点，答え7点【15点】

（式）

答え

6 かぼちゃスープが$\frac{5}{9}$L，玉ねぎスープが1Lあります。どちらのスープが何L少ないですか。

式8点，答え8点【16点】

（式）

答え　　　　　スープが　　　　　L少ない。

これで分数もバッチリだね！

答え ▷ 86ページ

□を使った式

29 □を使った式①

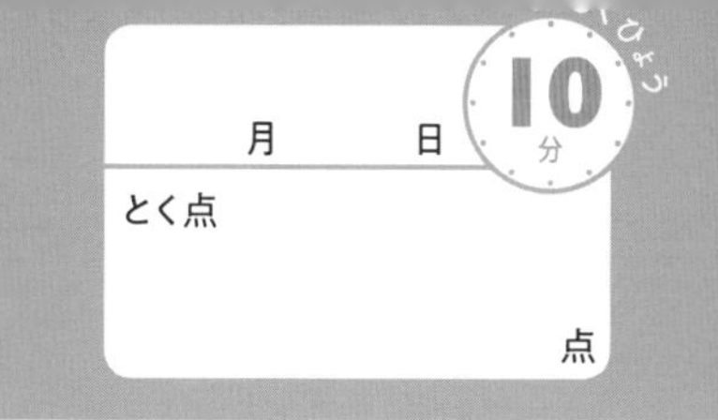

1 校庭に子どもが18人います。そこへ何人か来たので，子どもは全部で34人になりました。何人来ましたか。　①6点，②式6点，答え6点【18点】

① 来た人数を□人として，たし算の式に表しましょう。

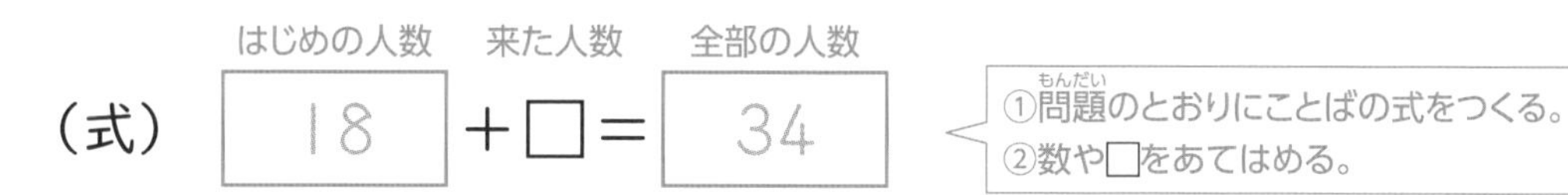

② □にあてはまる数をもとめて，答えも書きましょう。

答え

2 こころさんは，65円のおかしを買いましたが，まだ45円のこっています。こころさんは，はじめにいくら持っていましたか。
①6点，②式6点，答え6点【18点】

① はじめに持っていたお金を□円として，ひき算の式に表しましょう。

② □にあてはまる数をもとめて，答えも書きましょう。

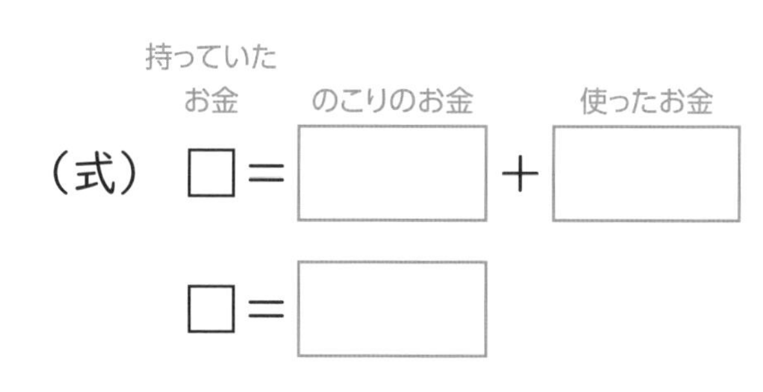

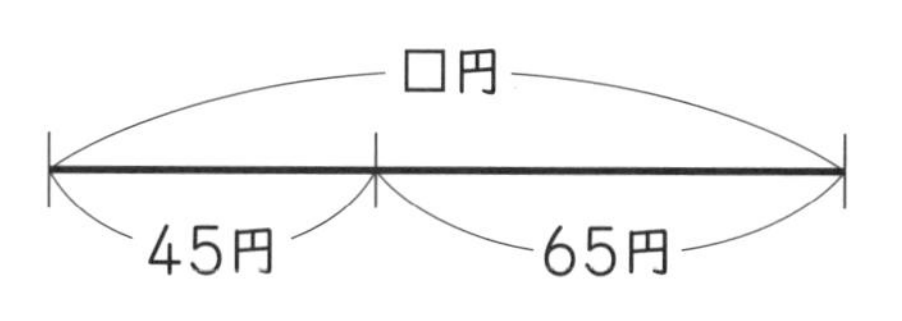

答え

★わからない数を□として式に表し，答えをもとめましょう。

3 おり紙を20まい買ってきたので，全部で65まいになりました。はじめに何まいありましたか。
式8点，答え8点【16点】

（式）

答え

4 重さが350gのかごにみかんを入れて重さをはかったら，920gありました。みかんの重さは何gですか。
式8点，答え8点【16点】

（式）

答え

5 えいたさんは，本を53ページ読んだので，のこりが75ページになりました。この本は，全部で何ページありますか。
式8点，答え8点【16点】

（式）

答え

6 ことねさんは120円持っていました。消しゴムを買ったら，のこりが55円になりました。消しゴムはいくらでしたか。
式8点，答え8点【16点】

（式）

答え

よくできたね！

答え ▶ 86ページ

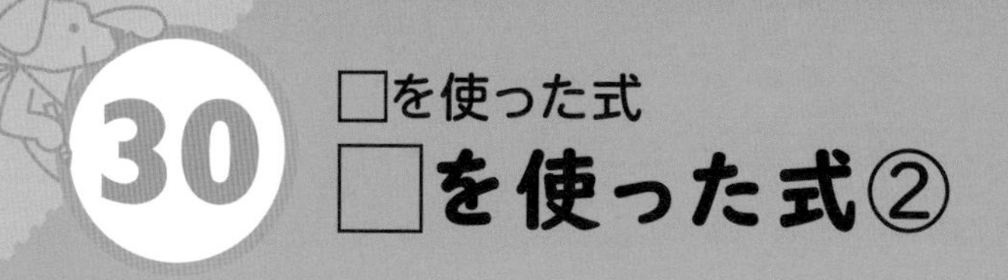

30 □を使った式②

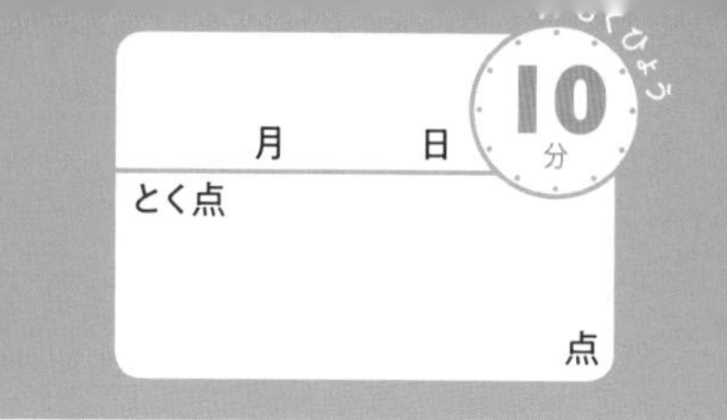

1 ゼリーを，同じ数ずつ6人に配(くば)ったら，配った数は全部(ぜんぶ)で18こになりました。1人に何こ配りましたか。 ①6点，②式6点，答え6点【18点】

① 1人分の数を□として，かけ算の式(しき)に表(あらわ)しましょう。

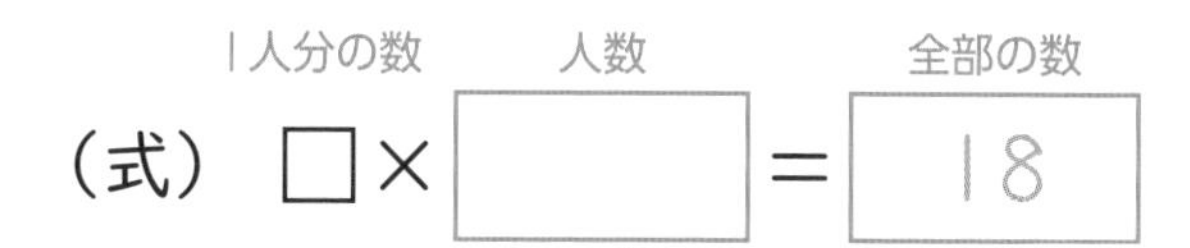

② □にあてはまる数をもとめて，答えも書きましょう。

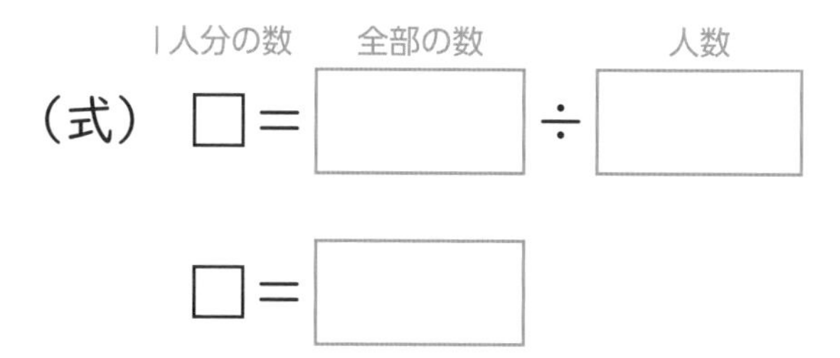

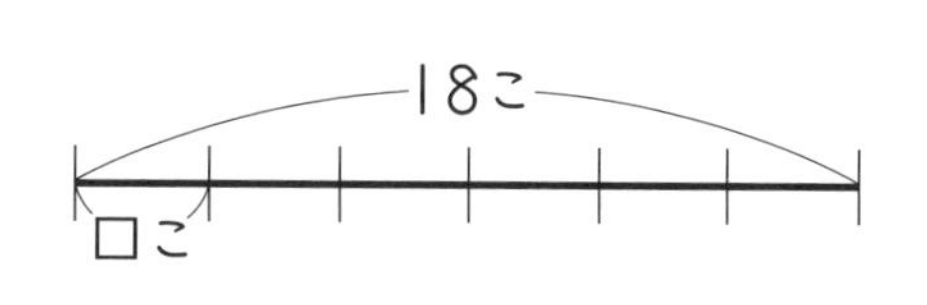

答え

2 まんじゅうを，5人で同じ数ずつ分けたら，1人分は3こになりました。まんじゅうは何こありましたか。 ①6点，②式6点，答え6点【18点】

① 全部のまんじゅうの数を□として，わり算の式に表しましょう。

全部の数　人数　1人分の数

（式） □÷ ＿ ＝ ＿

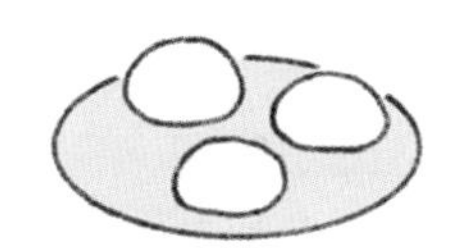

② □にあてはまる数をもとめて，答えも書きましょう。

全部の数　1人分の数　人数

（式） □＝ ＿ × ＿

□＝ ＿

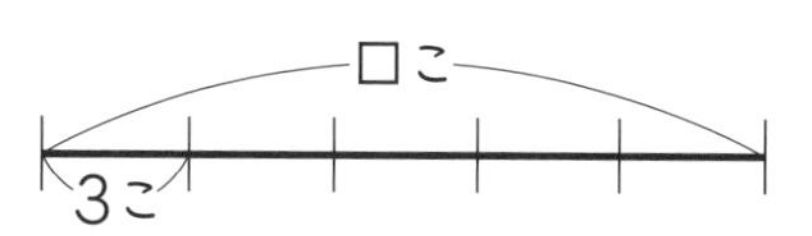

答え

★わからない数を□として式に表し，答えをもとめましょう。

3 めだかを，同じ数ずつ7つの水そうに入れたら，42ひき入りました。|つの水そうに何びき入れましたか。 式8点，答え8点【16点】

（式）

答え ＿＿＿＿＿＿＿＿

4 |まい8円の画用紙を何まいか買ったら，代金は56円でした。画用紙は何まい買いましたか。 式8点，答え8点【16点】

（式）

答え ＿＿＿＿＿＿＿＿

5 同じ長さのつみ木6こを|れつにならべたら，全体で48cmになりました。つみ木|この長さは何cmですか。 式8点，答え8点【16点】

（式）

答え ＿＿＿＿＿＿＿＿

6 36このいちごを，何人かで同じ数ずつ分けたら，|人分が4こになりました。何人で分けましたか。 式8点，答え8点【16点】

（式）

答え ＿＿＿＿＿＿＿＿

その調子，その調子！

答え ▶ 87ページ

いろいろな問題

31 重なりを考えて

1 80cmと60cmのテープを，つなぎめを10cmにしてつなぎました。全体の長さは，何cmになりますか。

式8点，答え7点【15点】

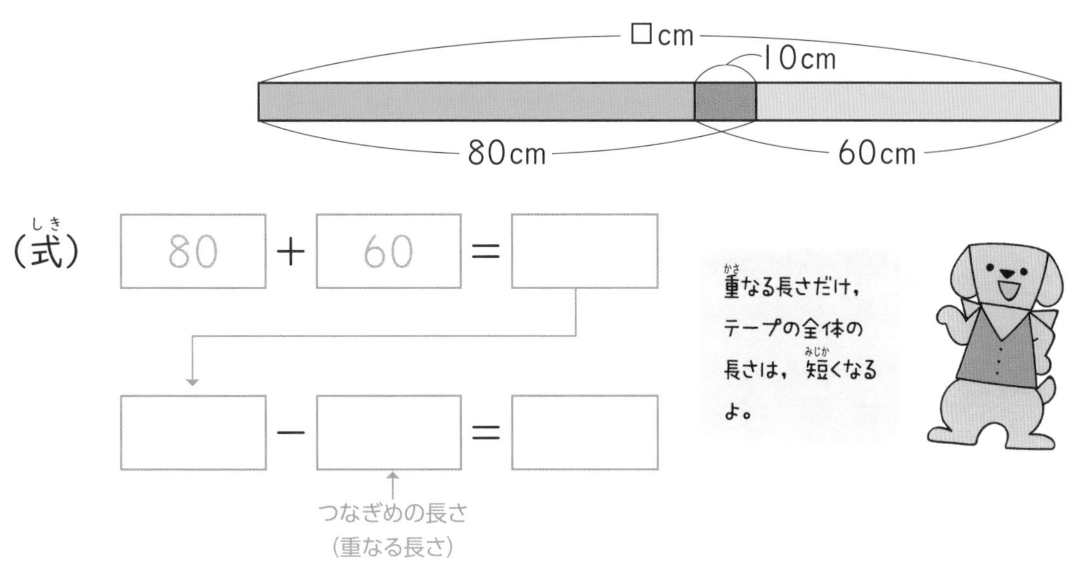

答え

2 110cmと75cmのテープをつないで，170cmの長さにします。つなぎめの長さは何cmにすればよいですか。

式8点，答え7点【15点】

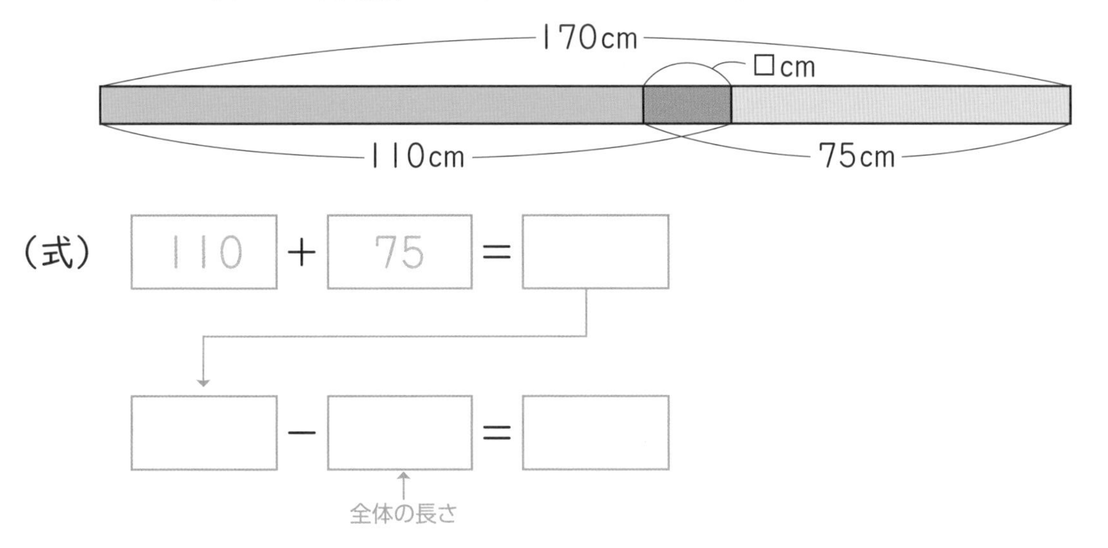

答え

3 150cmと180cmのテープを，つなぎめを20cmにしてつなぎました。全体の長さは何cmになりますか。 式8点，答え7点【15点】

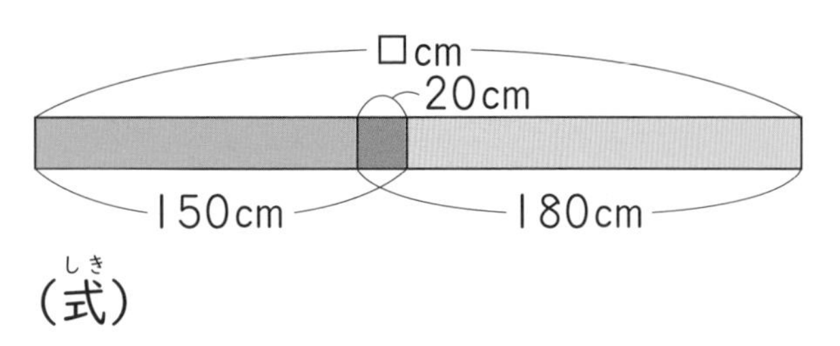

重なる部分の長さに気をつけよう。

（式）

答え

4 60cmと35cmのテープをつないで，87cmにします。つなぎめの長さを何cmにすればよいですか。 式8点，答え7点【15点】

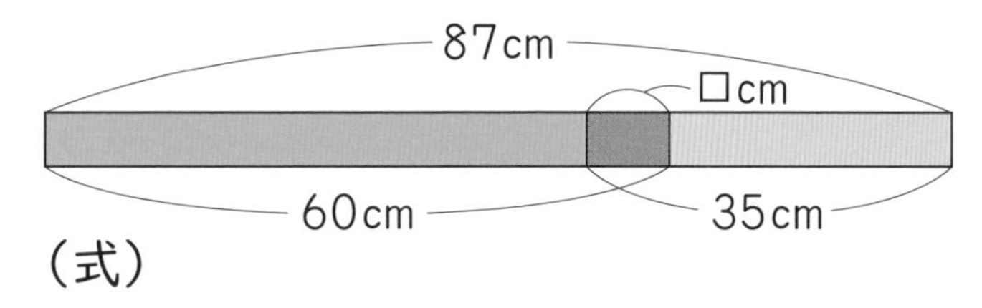

（式）

答え

5 65cmのぼうを2本，つなぎめを15cmにしてつなぎました。全体の長さは何cmになりますか。 式10点，答え10点【20点】

（式）

答え

6 90cmと137cmのテープをつないで，2mにします。つなぎめの長さを何cmにすればよいですか。 式10点，答え10点【20点】

（式）

答え

アプリは使ってみたかな？

答え ▶ 87ページ

32 いろいろな問題
間の数を考えて

1 道にそって，木が7mおきに6本植(う)えてあります。はしからはしまでは何mありますか。

式5点，答え5点【10点】

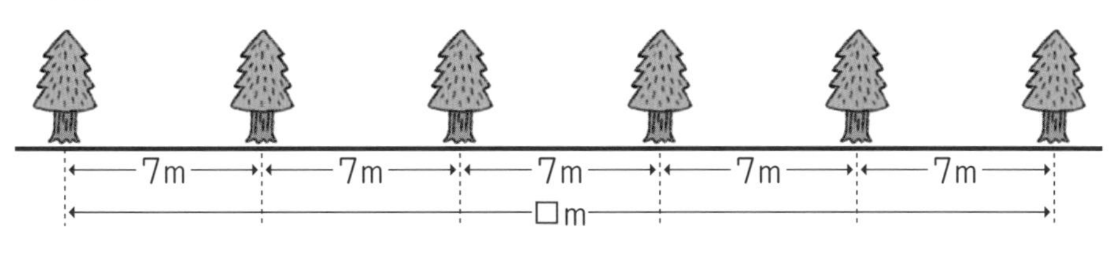

(式(しき)) 7 × 5 ＝ □

木と木の間の数は，木の本数より，1少なくなる。

答え ＿＿＿＿＿＿

2 まるい形をした池のまわりに，木が9mおきに6本植えてあります。この池のまわりの長さは何mですか。

式5点，答え5点【10点】

(式) 9 × □ ＝ □

木と木の間の数は，木の本数と同じになる。

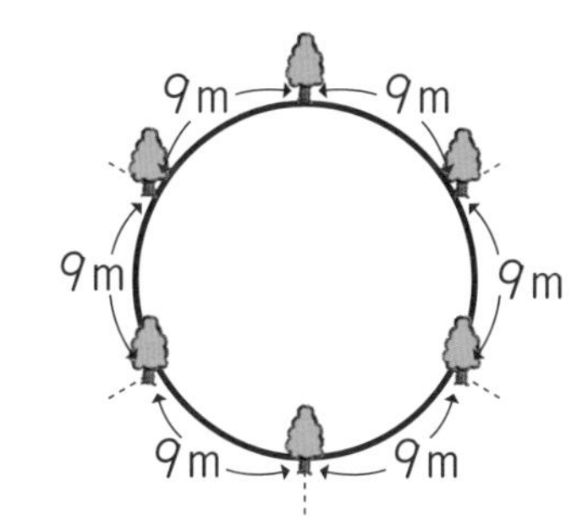

答え ＿＿＿＿＿＿

3 山登(のぼ)りで9km歩きましたが，その間に，同じ道のりを歩くごとに，2回休みました。何kmごとに休みましたか。

式5点，答え5点【10点】

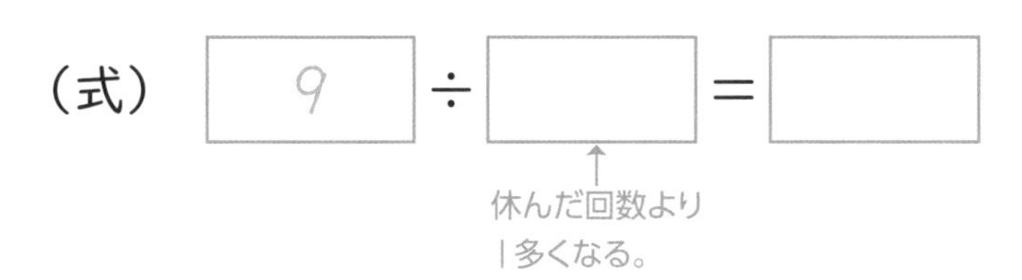

(式) 9 ÷ □ ＝ □

休んだ回数より1多くなる。

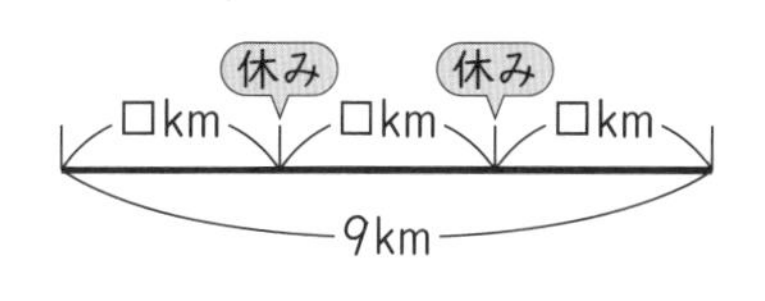

答え ＿＿＿＿＿＿

4 まっすぐな道に，くいが6mおきに8本立っています。はしからはしまでは何mありますか。 式5点，答え5点【10点】

（式）

答え

5 まるい形をした池のまわりに，木が8mおきに9本植えてあります。この池のまわりの長さは何mですか。 式8点，答え7点【15点】

（式）

答え

6 道にそって，木が15mおきに7本植えてあります。1本めの木から7本めの木まで歩くと，何m歩いたことになりますか。 式8点，答え7点【15点】

（式）

答え

7 まるい形をした花だんのまわりに，くいが12mおきに4本立っています。この花だんのまわりの長さは何mですか。 式8点，答え7点【15点】

（式）

答え

8 マラソンで12km走りましたが，その間に，同じ道のりを走るごとに，3回水を飲みました。何kmごとに飲みましたか。 式8点，答え7点【15点】

（式）

答え

答え ▶ 87ページ

いろいろな問題

何倍かな①

月　日　10分

とく点　点

1 シールを，たけるさんは27まい，ともやさんは9まい持っています。たけるさんは，ともやさんの何倍持っていますか。　式6点，答え6点【12点】

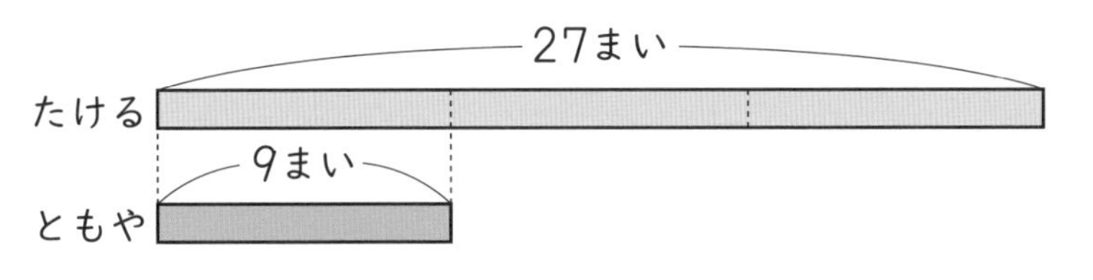

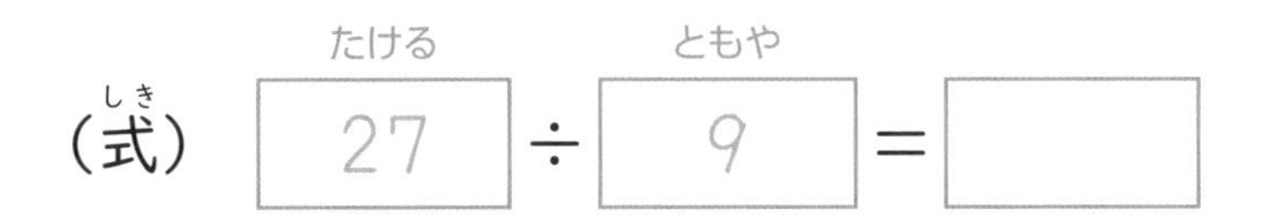

（式）27 ÷ 9 = □

答え

2 赤い色紙が8まいあります。白い色紙は，赤い色紙の5倍あります。白い色紙は何まいありますか。　式6点，答え6点【12点】

（式）□（赤）×□（倍）＝□

答え

3 キャラメルとあめがあります。キャラメルは，あめの6倍で，36こあります。あめは何こありますか。　式7点，答え8点【15点】

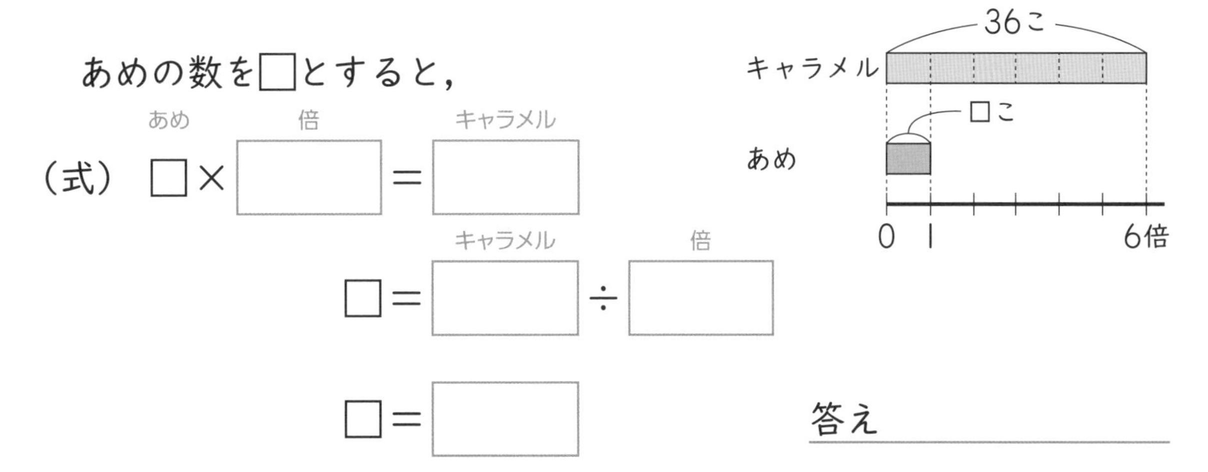

あめの数を□とすると，

（式）□（あめ）×□（倍）＝□（キャラメル）

□＝□（キャラメル）÷□（倍）

□＝□

答え

4 黄色いきくの花が18本，白いきくの花が9本あります。黄色いきくの花は，白いきくの花の何倍ありますか。 式8点，答え7点【15点】

（式）

答え

5 公園に大人が8人，子どもが56人います。子どもは，大人の何倍いますか。 式8点，答え7点【15点】

（式）

答え

6 さなさんとそうたさんは，おり紙でつるをおりました。そうたさんは7わおりました。さなさんはそうたさんの3倍おりました。さなさんは何わおりましたか。 式8点，答え7点【15点】

（式）

答え

7 きのうと今日，切手を使いました。今日は，きのうの4倍で，48まい使いました。きのうは，切手を何まい使いましたか。 式8点，答え8点【16点】

（式）

もとめる数を□として，式にしようね。

答え

倍の計算には，かけ算とわり算を使うんだね。

答え ▶ 87ページ

いろいろな問題

何倍かな②

月　日
とく点
点
10分

1 黄色の色紙が4まいあります。青の色紙は黄色の2倍(ばい)，赤の色紙は青の3倍あります。赤の色紙は何まいありますか。　式5点，答え5点【20点】

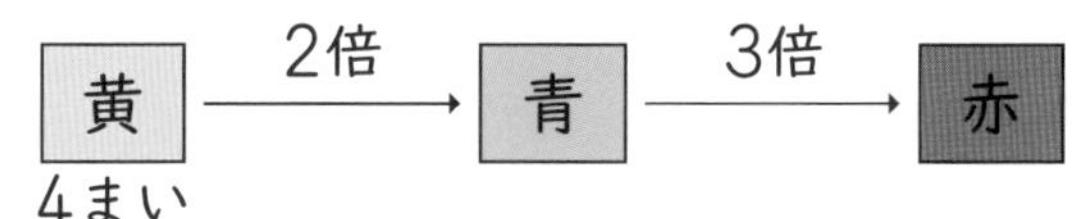

2倍のさらに3倍は，もとの数の（2×3）倍だ。

① 赤の色紙のまい数は，黄色の色紙のまい数の何倍になりますか。

（式(しき)）［2］×［3］＝［6］

答え

② ①をもとにして，赤の色紙のまい数をもとめましょう。

（式）［4］×［　］＝［　］

答え

2 1本60円のえんぴつを，1人に2本ずつ4人にあげます。全部(ぜんぶ)でいくらかかりますか。　式5点，答え5点【20点】

えんぴつ（60円）—2倍→ 1人分 —4倍→ 4人分

① 4人分のえんぴつ代(だい)は，60円の何倍になりますか。

（式）［　］×［　］＝［　］

答え

② ①をもとにして，4人分のえんぴつ代をもとめましょう。

（式）［　］×［　］＝［　］

答え

3 大，中，小の3本のびんがあります。小のびんには水が2dL入っています。中のびんには小の3倍，大のびんには中の3倍の水が入っています。大のびんには，水が何dL入っていますか。 式8点，答え7点【15点】

（式）

答え

4 えいたさんはシールを18まい持っています。ひろとさんはえいたさんの4倍，たつやさんはひろとさんの2倍持っています。たつやさんはシールを何まい持っていますか。 式8点，答え7点【15点】

（式）

答え

5 1こ45円のおかしを，1人に2こずつ，5人分買います。代金はいくらになりますか。 式8点，答え7点【15点】

（式）

答え

6 水を流したままで歯をみがくと，1回で4Lの水がむだになるとします。1日に3回みがくとして，1週間では何Lの水がむだになることになりますか。 式8点，答え7点【15点】

（式）

答え

よくできたね！

答え ▶ 88ページ

まとまりを考えて

月　日　10分
とく点　点

1 1本60円のえんぴつを4本と，1こ30円の消し(け)ゴムを4こ買います。代金(だいきん)は全部(ぜんぶ)でいくらになりますか。　式5点，答え5点【20点】

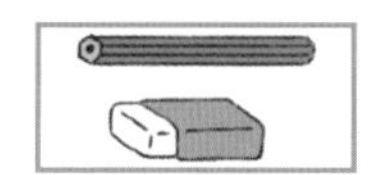
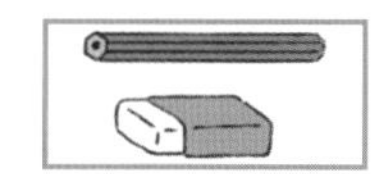
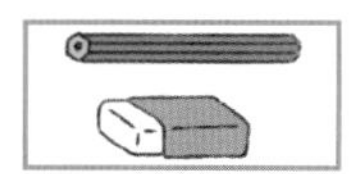
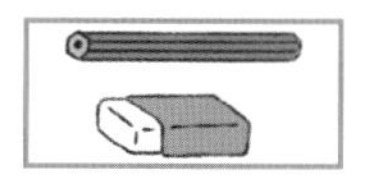

① えんぴつ1本と消しゴム1こを1組とすると，1組のねだんはいくらになりますか。

(式(しき)) 60 ＋ 30 ＝ □　答え＿＿＿＿

② 1組のねだんをもとにして，全部の代金をもとめましょう。

(式) □ × □ ＝ □

↑ 1組のねだん

答え＿＿＿＿

2 パンを5こ買います。1こ180円のパンを買うのと，1こ150円のパンを買うのとでは，代金はいくらちがいますか。　式6点，答え6点【24点】

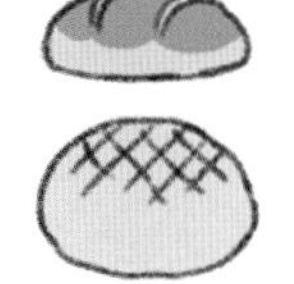

① パン1このねだんのちがいはいくらですか。

(式) □ － □ ＝ □　答え＿＿＿＿

② パン1このねだんのちがいをもとにして，代金のちがいをもとめましょう。

(式) □ × □ ＝ □

↑ パン1このねだんのちがい

答え＿＿＿＿

3 50円のシールを6まいと，80円のシールを6まい買います。代金(だいきん)は全部(ぜんぶ)でいくらになりますか。

式7点，答え7点【14点】

（式(しき)）

まず，まとまりを考えよう。そのまとまりのいくつ分かを計算するよ。

答え ______

4 30cmのテープを7本と，40cmのテープを7本つくります。テープは全部で何cm使(つか)いますか。

式7点，答え7点【14点】

（式）

答え ______

5 1こ105円のコップを8こと，1まい45円のコースターを8まい買います。代金は全部でいくらになりますか。

式7点，答え7点【14点】

（式）

答え ______

6 ひろきさんは，1こ95円のおかしを5こ，えりかさんは，1こ140円のおかしを5こ買いました。2人の代金のちがいはいくらですか。

式7点，答え7点【14点】

（式）

答え ______

文章題(ぶんしょうだい)がわかったね。さい後は，まとめテストだよ！

答え ▶ 88ページ

36 まとめテスト①

名前

月　日　15分

とく点

点

1 ゆうせいさんは，午後2時45分からサッカーの練習(れんしゅう)を30分しました。サッカーの練習が終(お)わったのは何時何分ですか。【10点】

答え

2 ももかさんは，午後1時40分から午後2時10分までデパートにいました。デパートにいた時間は何分ですか。【10点】

答え

3 ひなさんの町に住(す)んでいる小学生は875人，中学生は468人です。
式4点，答え4点【16点】

① 小学生と中学生をあわせると，何人になりますか。

（式(しき)）

答え

② 中学生は小学生より何人少ないですか。

（式）

答え

4 キャンディーが28こあります。7人で同じ数ずつ分けると，1人分は何こになりますか。式4点，答え4点【8点】

（式）

答え

5 ジュースが36本あります。6本ずつおぼんにのせていくと，おぼんは何まいいりますか。

式4点，答え4点【8点】

（式）

答え

6 長さが70cmのリボンがあります。8cmずつ切っていくと，8cmのリボンは何本取れて，何cmあまりますか。

式6点，答え6点【12点】

（式）

答え

7 画用紙1まいから，カードを6まいつくります。カードを50まいつくるには，画用紙は何まいいりますか。

式6点，答え6点【12点】

（式）

答え

8 1箱235円のおかしを4箱買います。代金はいくらになりますか。

式6点，答え6点【12点】

（式）

答え

9 1こ75gのボールが36こあります。全体の重さは，何kg何gになりますか。

式6点，答え6点【12点】

（式）

答え

答え ▶ 88ページ

37 まとめテスト②

名前

月　日

とく点

点

15分

1 右の図を見て答えましょう。

式5点，答え5点【20点】

① りんさんの家から学校までの道のりは何km何mですか。

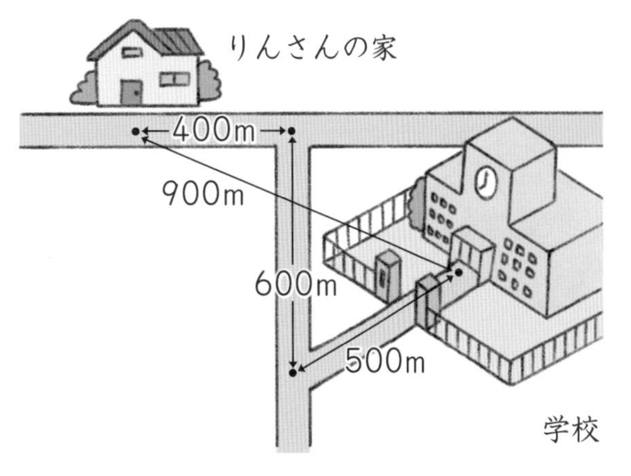

（式）

答え

② りんさんの家から学校までの道のりときょりのちがいは何mですか。

（式）

答え

2 もち米が900g，あずきが150gあります。全部で何kg何gになりますか。

式5点，答え5点【10点】

（式）

答え

3 お湯が，やかんに1.7L，ポットに2.3L入っています。

式5点，答え5点【20点】

① お湯はあわせて何Lありますか。

（式）

答え

② あわせたお湯を3.2L使うと，のこりは何Lになりますか。

（式）

答え

4 ねん土を，かずきさんは$\frac{4}{6}$kg使い，さくらさんは$\frac{2}{6}$kg使いました。2人で何kg使いましたか。

式6点，答え6点【12点】

（式）

答え

5 だいちさんの家から図書館までの道のりは1kmで，学校までの道のりは，図書館までの道のりより$\frac{2}{8}$km短いそうです。学校までの道のりは何kmありますか。

式6点，答え6点【12点】

（式）

答え

6 しおりさんは，国語を23分勉強しました。算数の勉強もしたので，あわせて50分勉強したそうです。算数は何分勉強しましたか。算数の勉強をした時間を□分として式に表して，答えをもとめましょう。

式7点，答え6点【13点】

（式）

答え

7 1こ185gのかんづめが6こと，1こ215gのかんづめが6こあります。重さは全部で何gになりますか。それぞれのかんづめ1こずつを1組と考えてもとめましょう。

式7点，答え6点【13点】

（式）

答え

答え ▶ 88ページ

答えとアドバイス

▶まちがえた問題(もんだい)は，もう一度(いちど)やり直しましょう。
▶アドバイスを読んで，学習(がくしゅう)に役立(やくだ)てましょう。

1 時こくをもとめる 5~6ページ

1 午後3時55分
2 午前10時10分
3 午後2時20分
4 午前11時45分
5 午後3時40分
6 午前11時
7 午前11時30分
8 午後4時40分

アドバイス　ある時こくよりあとの時こくをもとめるのか，前の時こくをもとめるのかを，正しくつかむことがポイントです。あとの時こくをもとめるのは，1，3，4，6，7で，前の時こくをもとめるのは，2，5，8です。

2 時間をもとめる 7~8ページ

1 25分(間)
2 50分(間)
3 1時間30分
4 30分(間)
5 45分(間)
6 2時間
7 1時間10分
8 15秒

アドバイス　3　50分+40分=90分　90分=1時間30分
5　3時45分から4時までは15分，4時から4時30分までは30分なので，15分と30分をあわせて，45分です。
8は，1分=60秒(びょう)なので，45秒と60秒のちがいをもとめます。

3 たし算 9~10ページ

1 269+324=593　593こ
2 659+153=812　812人
3 748+52=800　800わ(ぱ)
4 396+585=981　981人
5 416+127=543　543びき
6 572+145=717　717本
7 608+215=823　823まい
8 316+43=359　359cm

アドバイス　あわせる場合，ふえる場合，ある数とのちがいから大きいほうの数をもとめる場合は，どれもたし算になります。

4 ひき算 11~12ページ

1 324−156=168　168ページ
2 721−468=253　253本
3 847−519=328　328人
4 532−346=186　186まい
5 657−509=148　148まい
6 484−195=289　289人
7 527−98=429　429こ
8 472−324=148　148人

アドバイス　のこりをもとめる場合，数のちがいをもとめる場合，ある数とのちがいから小さいほうの数をもとめる場合は，ひき算になります。

5 たし算とひき算① 13~14ページ

1 ① 570+245=815　815円
② 500−185=315　315円
③ 570−185=385　385円

2 ① 335−175=160　160円
② 1280+175=1455　1455円
③ 1000−335=665　665円

3 1310−578=732　732本

4 1017+95=1112　1112まい

アドバイス　数が大きくなっても，筆算のしかたは同じです。位をそろえて書き，一の位からじゅんに計算していきます。

6 たし算とひき算② 15~16ページ

1 830−145=685　685円

2 159+237=396　396まい

3 602−413=189
北小学校のほうが，189人多い。

4 860+250=1110　1110円

5 1000−875=125　125わ

6 6203−4921=1282
けんとさんのほうが，1282点多い。

7 957+83=1040　1040本

アドバイス　問題の意味がわかりにくいときは，図をかいて考えるとわかりやすくなります。

5 図に表すと，次のとおりです。

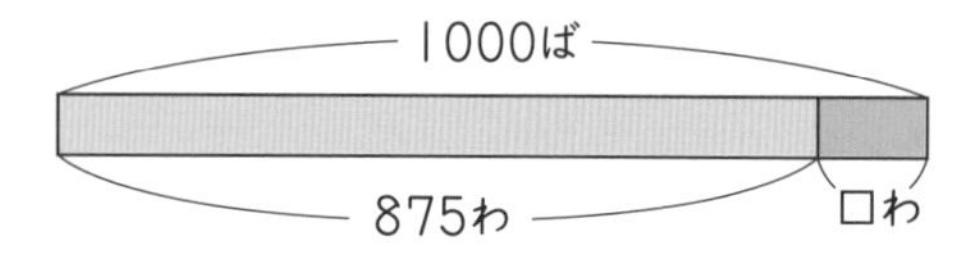

7 図に表すと，次のとおりです。

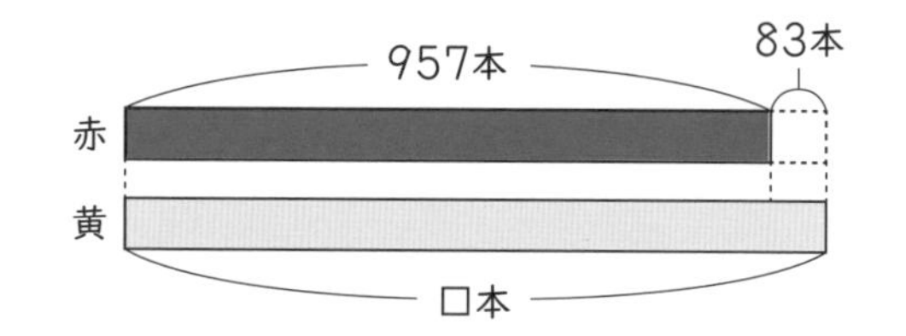

7 たし算とひき算の練習 17~18ページ

1 289+324=613　613本

2 1800−1274=526　526人

3 501−136=365　365人

4 683+29=712　712箱

5 1067−729=338　338さつ

6 235+765=1000　1000こ

7 1980+495=2475　2475円

8 2191−1693=498
ひまわりのたねが，498こ多い。

アドバイス　**6**「765+235=1000」という式でも正かいです。

7 チェックのシャツはしまもようのシャツより，495円高いことになるので，たし算でもとめます。

8 1つ分をもとめるわり算 19~20ページ

1 15÷3=5　5こ

2 28÷4=7　7こ

3 36÷6=6　6 cm

4 7÷7=1　1本

5 27÷3=9　9まい

6 45÷9=5　5人

7 56÷8=7　7 m

8 5÷5=1　1本

9 63÷9=7　7さつ

アドバイス　1つ分の数は，（全部の数）÷（分ける数）と式に表してもとめます。わり算の答えは，わる数のだんの九九を使います。

9 いくつ分をもとめるわり算 21~22ページ

1 12÷3=4　4人
2 24÷4=6　6箱
3 35÷7=5　5本
4 9÷1=9　9人
5 40÷5=8　8人
6 32÷4=8　8ふくろ
7 49÷7=7　7はん
8 6÷1=6　6人
9 80÷4=20　20本

アドバイス　いくつ分かは，(全部の数)÷(1つ分の数) と式に表してもとめます。

9 80÷4は，10をもとにして，10が(8÷4)こで2こ。10が2こで20と計算できます。

10 あまりがあるわり算① 23~24ページ

1 17÷5=3あまり2
3人に分けられて，2こあまる。
2 52÷8=6あまり4
6本できて，4cmあまる。
3 39÷7=5あまり4
5ふくろできて，4こあまる。
4 19÷3=6あまり1
6人に分けられて，1本あまる。
5 32÷6=5あまり2
5たばできて，2さつあまる。
6 59÷8=7あまり3
7箱できて，3こあまる。
7 35÷9=3あまり8
3本できて，8mあまる。
8 60÷7=8あまり4
8人に配れて，4本あまる。

アドバイス　計算をしたら，あまりがわる数より小さくなっているか，たしかめましょう。

また，答えのたしかめもしましょう。(わる数)×(答え)+(あまりの数)=(わられる数) にあてはめます。1なら，5×3+2=17 となるので，正しく計算できているとわかります。

11 あまりがあるわり算② 25~26ページ

1 23÷4=5あまり3
1人分は5こで，3こあまる。
2 38÷6=6あまり2
1人分は6まいで，2まいあまる。
3 45÷7=6あまり3
1さら分は6こで，3こあまる。
4 16÷5=3あまり1
1人分は3本で，1本あまる。
5 35÷8=4あまり3
1人分は4まいで，3まいあまる。
6 30÷4=7あまり2
1人分は7こで，2こあまる。
7 76÷9=8あまり4
1ふくろ分は8こで，4こあまる。
8 41÷6=6あまり5
1人分は6本で，5本あまる。

アドバイス　わり算の答えとあまりが，それぞれ何の数を表しているかをよく考えて，答えを書くようにしましょう。

ここでは1つ分の数がいくつかをもとめています。4では，1人分の数とあまりのサイダーの数をもとめます。わかりにくいようなら，問題文の「1人分は何本」，「何本あまりますか」に線を引いておくとよいです。

12 あまりがあるわり算③ 27~28ページ

1 23÷4=5あまり3　6台
2 45÷6=7あまり3　8箱
3 32÷5=6あまり2　7きゃく
4 13÷2=6あまり1　7こ
5 60÷7=8あまり4　9日間
6 53÷8=6あまり5　7台
7 25÷6=4あまり1　5まい
8 75÷9=8あまり3　9つ

アドバイス　どれも，答えはあまりの分もひつようなので，わり算の答えより1大きくなります。

このことを，たとえば1では，「5+1=6」のように，1大きくなることを式(しき)で表(あらわ)してもよいです。

13 あまりがあるわり算④ 29~30ページ

1 17÷3=5あまり2　5台
2 36÷8=4あまり4　4本
3 32÷5=6あまり2
5人のはん…4ぱん
6人のはん…2はん
4 33÷4=8あまり1　8台
5 52÷7=7あまり3　7ふくろ
6 75÷9=8あまり3
9cmのリボン…5本
10cmのリボン…3本
7 37÷5=7あまり2
7ひきの水そうが3つと，8ひきの水そうが2つ(できる)。

アドバイス　1，2，4，5は，あまりの数ではそれぞれのものができないので，答えはわり算の答えと同じになります。

ただし，あまりが答えにかんけいないからといって，式を，たとえば4では「33÷4=8」とするのはまちがいです。式では，あまりもきちんと書きましょう。

6 75÷9=8あまり3 から，9cmのリボンは8本できて，3cmあまります。この3cmを1cmずつ，9cmのリボン3本にふり分けて切ります。

7 37÷5=7あまり2 から，1つの水そうに7ひき入れると，2ひきあまることがわかります。この2ひきをふり分けます。

14 わり算の練習 31~32ページ

1 48÷6=8　8cm
2 42÷7=6　6こ
3 45÷5=9　9まい
4 75÷8=9あまり3
9たばできて，3本あまる。
5 71÷9=7あまり8
1ケースは7さつずつで，8さつあまる。
6 26÷3=8あまり2　9人
7 68÷7=9あまり5　9こ
8 38÷6=6あまり2
6このさらが4まいと，7このさらが2まい(できる)。

アドバイス　6は，あまった2このボールを運(はこ)ぶのにもう1人いるので，答えは9人になります。

8は，あまりの2こを1こずつ6このさらにふり分けます。

15 何十，何百のかけ算 33~34ページ

1 80×4=320　320円
2 200×6=1200　1200まい
3 5×70=350　350円
4 90×20=1800　1800m
5 30×8=240　240人
6 400×4=1600　1600円
7 7×30=210　210こ
8 40×50=2000　2000まい

アドバイス　計算は，10や100を，もとにします。2　200は100が2こなので，100が2×6=12 で，12こあるから1200となります。

16 1けたをかけるかけ算 35~36ページ

1 28×5=140　140円
2 124×3=372　372m
3 635×7=4445　4445円
4 37×5=185　185まい
5 53×7=371　371こ
6 165×5=825　825円
7 375×3=1125　1125円
8 350×9=3150　3150こ

アドバイス　かけ算の式(しき)は，(1つ分の数)×(いくつ分）になります。

4では，文章(ぶんしょう)に出てくる数のじゅんばんが，5はん，37まいなので，「5×37」とするまちがいがあります。1つ分の数は37で，いくつ分が5にあたります。よく読んで式を書きましょう。

17 2けたの数×2けたの数 37~38ページ

1 63×12=756　756円
2 72×29=2088　2088こ
3 18×23=414　414まい
4 15×37=555　555円
5 46×22=1012　1012わ
6 36×54=1944　1944まい
7 40×19=760　760本
8 95×32=3040　3040円

アドバイス　かける数が2けたになっても，かけ算の式は（1つ分の数)×(いくつ分）です。

8　95円の32人分をもとめるので，「95×32」です。「32×95」としないように注意(ちゅうい)しましょう。

なお，かけ算の筆算では，右のように，かける数の十の位(くらい)の計算では，左に1けたずらして書くことに気をつけましょう。

1
```
  63
×12
 126
 63
 756
```

18 3けたの数×2けたの数 39~40ページ

1 695×14=9730　9730円
2 380×37=14060　14060mL
3 876×18=15768　15768円
4 450×31=13950　13950m
5 128×37=4736　4736円
6 346×26=8996　8996こ
7 895×60=53700　53700円
8 760×43=32680　32680L

アドバイス　けた数が3けたになっても，筆算(ひっさん)のしかたは同じです。

7の計算は，右のように，一の位(くらい)に0を書いたら，そこにつづけて十の位の計算をするとよいです。

```
   895
×   60
 53700
  ↑
 895×6
```

19 3つの数のかけ算 41~42ページ

1 50×2×4=400 400円
2 20×3×3=180 180円
3 60×2×3=360 360こ
4 80×5×2=800 800円
5 3×4×5=60 60まい
6 90×2×4=720 720円
7 20×5×8=800 800円

アドバイス 3つの数のかけ算は，はじめの2つの数を先に計算しても，あとの2つを先に計算しても，答えは同じになります。式(しき)の3つの数を見て，くふうして計算するとよいです。

20 かけ算の練習 43~44ページ

1 29×4=116 116cm
2 214×6=1284 1284こ
3 472×8=3776 3776m
4 25×14=350 350問
5 46×37=1702 1702まい
6 126×18=2268 2268こ
7 650×34=22100 22100円
8 105×8×5=4200 4200円

アドバイス 5，7はかけられる数とかける数に注意(ちゅうい)しましょう。

21 算数パズル 45~46ページ

❶ は 1，または，0

❷ は 1
は 2
は 4

```
   12
  ×12
   24
  12
  144
```

※かけてもたしても同じ数になるのは2だから，ぞうは2で，とらは4になります。

22 長さ 47~48ページ

1 ① 700m+500m=1200m
1200m=1km200m
1km200m
② 700m−500m=200m
200m

2 ① 1km400m+300m
=1km700m 1km700m
② 1km400m−300m
=1km100m 1km100m

3 ① 200m+600m=800m
800m
② 600m+200m+800m
=1600m
1600m=1km600m
1km600m
③ 800m−200m=600m
600m

4 ① 1km500m+600m
=2km100m 2km100m
② 1km500m−600m=900m
900m

アドバイス 1②のように，たんいがそろっているとき，式(しき)は，「700−500=200」のように，たんいをつけずに書いてもよいです。

4① 1km500m+600m
=1km1100m
↑
1km100m
=2km100m

23 重さ 49~50ページ

1 ① 800g+500g=1300g
1300g=1kg300g
1kg300g
② 800g−500g=300g
300g

2 1kg100g+250g=1kg350g
1kg350g

3 1kg200g−400g=800g
800g

4 ① 350g+850g=1200g
1200g=1kg200g
1kg200g
② 850g−350g=500g
500g

5 1kg300g+800g=2kg100g
2kg100g

6 33kg−28kg=5kg　5kg

アドバイス **3** 1kg200g−400g
=1200g−400g=800g

5 1kg300g+800g
=1kg1100g=2kg100g
↑
1kg100g

24 小数のたし算 51~52ページ

1 1.2+0.6=1.8　1.8L
2 1.6+1.7=3.3　3.3m
3 0.6+2.4=3　3kg
4 1.3+2.4=3.7　3.7L
5 1.2+0.9=2.1　2.1m
6 4.5+2.6=7.1　7.1km
7 2.3+2.7=5　5kg
8 4.5+9=13.5　13.5L

アドバイス **3**, **7**の答えは整数になります。

8 位をそろえて書き，9を9.0と考えて計算しましょう。

$$\begin{array}{r} 4.5 \\ +9 \\ \hline 13.5 \end{array}$$

25 小数のひき算 53~54ページ

1 1.8−0.6=1.2　1.2L
2 2.3−1.5=0.8　0.8m
3 3−0.6=2.4　2.4kg
4 3.6−1.4=2.2　2.2kg
5 6.8−2.8=4　4km
6 4.3−2.9=1.4　1.4m
7 1.4−0.7=0.7　0.7m
8 5−1.3=3.7　3.7km

アドバイス **2**, **7**は一の位に0をつけます。

5の答えは整数になります。

8 5は5.0と考えて計算します。

26 小数のたし算とひき算 55~56ページ

1 ① 1.8+2.6=4.4　4.4L
② 2.6−1.8=0.8　0.8L
2 8.3−0.6=7.7　7.7dL
3 1.7+1.3=3　3m
4 5.7+3=8.7　8.7cm
5 0.3+2.8=3.1　3.1m
6 2−0.8=1.2　1.2m
7 5.2−1.6=3.6　3.6km

アドバイス **5**の式は，「2.8+0.3=3.1」でも正かいです。図に表すと，次のとおりです。

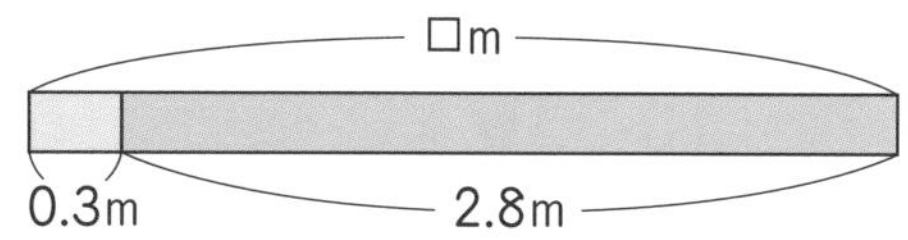

27 分数のたし算 57~58ページ

1 $\frac{1}{5}+\frac{2}{5}=\frac{3}{5}$ $\frac{3}{5}$L

2 $\frac{2}{4}+\frac{1}{4}=\frac{3}{4}$ $\frac{3}{4}$kg

3 $\frac{5}{6}+\frac{1}{6}=1$ 1km$\left(\frac{6}{6}\text{km}\right)$

4 $\frac{1}{9}+\frac{3}{9}=\frac{4}{9}$ $\frac{4}{9}$dL

5 $\frac{3}{5}+\frac{2}{5}=1\left(\frac{5}{5}\right)$ 1L$\left(\frac{5}{5}\text{L}\right)$

6 $\frac{4}{7}+\frac{2}{7}=\frac{6}{7}$ $\frac{6}{7}$km

7 $\frac{3}{6}+\frac{2}{6}=\frac{5}{6}$ $\frac{5}{6}$kg

8 $\frac{7}{10}+\frac{3}{10}=1\left(\frac{10}{10}\right)$ 1m$\left(\frac{10}{10}\text{m}\right)$

アドバイス 分母と分子が同じ数になったときは，1となります。

28 分数のひき算 59~60ページ

1 ① $\frac{6}{7}-\frac{4}{7}=\frac{2}{7}$ $\frac{2}{7}$m

② $\frac{4}{7}-\frac{1}{7}=\frac{3}{7}$

白のリボンが$\frac{3}{7}$m長い。

2 $1-\frac{1}{3}=\frac{2}{3}$ $\frac{2}{3}$L

3 $\frac{6}{9}-\frac{4}{9}=\frac{2}{9}$ $\frac{2}{9}$m

4 $\frac{7}{8}-\frac{3}{8}=\frac{4}{8}$ $\frac{4}{8}$kg

5 $1-\frac{7}{10}=\frac{3}{10}$ $\frac{3}{10}$m

6 $1-\frac{5}{9}=\frac{4}{9}$

かぼちゃスープが$\frac{4}{9}$L少ない。

アドバイス 1から分数をひく場合は，1を分母と分子が同じ数の分数になおして計算します。

5 $1-\frac{7}{10}=\frac{10}{10}-\frac{7}{10}=\frac{3}{10}$

6 $1-\frac{5}{9}=\frac{9}{9}-\frac{5}{9}=\frac{4}{9}$

29 □を使った式① 61~62ページ

1 ① 18+□=34

② □=34−18，□=16 16人

2 ① □−65=45

② □=45+65，□=110

110円

3 □+20=65

□=65−20，□=45 45まい

4 350+□=920

□=920−350，□=570

570g

5 □−53=75

□=75+53，□=128

128ページ

6 120−□=55

□=120−55，□=65 65円

アドバイス **3** 何を□とするか，どのような式(しき)に表(あらわ)せばよいかがわかりにくいときは，「(はじめのまい数)+(買ったまい数)=(全部(ぜんぶ)のまい数)」のようにことばで表してみるとよいでしょう。

4の□を使(つか)った式は，「□+350=920」でも正かいです。

30 □を使った式② 63~64ページ

1 ① □×6=18
② □=18÷6，□=3　3こ

2 ① □÷5=3
② □=3×5，□=15　15こ

3 □×7=42
□=42÷7，□=6　6ぴき

4 8×□=56
□=56÷8，□=7　7まい

5 □×6=48
□=48÷6，□=8　8cm

6 36÷□=4
□=36÷4，□=9　9人

アドバイス　答えをもとめたら，問題（もんだい）にあてはめて，正しいかどうかをたしかめましょう。

31 重なりを考えて 65~66ページ

1 80+60=140
140−10=130　130cm

2 110+75=185
185−170=15　15cm

3 150+180=330
330−20=310　310cm

4 60+35=95
95−87=8　8cm

5 65+65=130
（または，65×2=130）
130−15=115　115cm

6 90+137=227
2m=200cm
227−200=27　27cm

アドバイス　全体（ぜんたい）の長さは，（2本のテープをあわせた長さ）−（つなぎめの長さ）でもとめられます。また，つなぎめの長さは，（2本のテープをあわせた長さ）−（全体の長さ）でもとめられます。

32 間の数を考えて 67~68ページ

1 7×5=35　35m

2 9×6=54　54m

3 9÷3=3　3km

4 6×7=42　42m

5 8×9=72　72m

6 15×6=90　90m

7 12×4=48　48m

8 12÷4=3　3km

アドバイス　木やくいなどの数と間の数のかんけいは，かんたんな図をかいてから，式（しき）に書くようにしましょう。

33 何倍かな① 69~70ページ

1 27÷9=3　3倍

2 8×5=40　40まい

3 □×6=36
□=36÷6，□=6　6こ

4 18÷9=2　2倍

5 56÷8=7　7倍

6 7×3=21　21わ

7 きのうの切手の数を□とすると，
□×4=48
□=48÷4，□=12　12まい

アドバイス　7は，「48÷4=12」も正かいです。計算のしかたは，次（つぎ）のとおりです。

48÷4 ＜ 40÷4=10 ／ 8÷4=2 ＞ 12

34 何倍かな② 71~72ページ

1 ① 2×3=6 6倍
② 4×6=24 24まい

2 ① 2×4=8 8倍
② 60×8=480 480円

3 3×3=9
2×9=18 18dL

4 4×2=8
18×8=144 144まい

5 2×5=10
45×10=450 450円

6 3×7=21
4×21=84 84L

アドバイス じゅんにもとめていっても答えはわかりますが，もとめる数がもとの数の何倍（なんばい）かを先にもとめると，かんたんに計算できる場合もあります。

35 まとまりを考えて 73~74ページ

1 ① 60+30=90 90円
② 90×4=360 360円

2 ① 180−150=30 30円
② 30×5=150 150円

3 50+80=130
130×6=780 780円

4 30+40=70
70×7=490 490cm

5 105+45=150
150×8=1200 1200円

6 140−95=45
45×5=225 225円

36 まとめテスト① 75~76ページ

1 午後3時15分

2 30分（間）

3 ① 875+468=1343 1343人
② 875−468=407 407人

4 28÷7=4 4こ

5 36÷6=6 6まい

6 70÷8=8あまり6
8本取れて，6cmあまる。

7 50÷6=8あまり2 9まい

8 235×4=940 940円

9 75×36=2700
2700g=2kg700g
2kg700g

アドバイス 7は，あまりの2まいのカードをつくるのに，画用紙がもう1まいいります。

37 まとめテスト② 77~78ページ

1 ① 400m+600m+500m
=1500m
1500m=1km500m
1km500m
② 1km500m−900m=600m
600m

2 900+150=1050
1050g=1kg50g 1kg50g

3 ① 1.7+2.3=4 4L
② 4−3.2=0.8 0.8L

4 $\frac{4}{6}+\frac{2}{6}=1\left(\frac{6}{6}\right)$ $1\text{kg}\left(\frac{6}{6}\text{kg}\right)$

5 $1-\frac{2}{8}=\frac{6}{8}$ $\frac{6}{8}$km

6 23+□=50
□=50−23，□=27 27分

7 185+215=400
400×6=2400 2400g